丛书顾问：倪阳生 张庆辉

时装画表现技法
LATEST FASHION EXPRESSIVE TECHNIQUES

主　编　刘亚全　张　苹
副主编　蔡婉云　沈　塔　赵　芳

北京理工大学出版社
BEIJING INSTITUTE OF TECHNOLOGY PRESS

内 容 提 要

本书既有丰富的理论知识，又有时装画具体的绘制步骤，并且对时装画绘制方法进行了细致分析。本书内容循序渐进，深入浅出，图文并茂，旨在提高学习者的绘画能力与设计水平。全书共分为四章，系统全面地教授了时装画表现技法。第一章侧重于讲解时装画的相关理论知识，这是绘制时装画应掌握的基础知识点；第二章讲解时装画的表现技法，分别对水彩、水粉、彩铅、马克笔等表现技法以及各种服装面料的表现技法进行了系统且详细的讲解，并配有大量的步骤图解；第三章讲解时装画的构图形式与背景处理方法，以及处理好整个画面效果的方法；第四章内容是基于上述基础知识外添加的拓展知识，即对不同系列风格的时装效果图的表现做了系统讲解，并且配有大量的绘画案例。

本书既是一本教授时装画表现技法的实用类书籍，还是一本系统讲述时装画绘制基本知识和技法的图解式读本，可作为高等院校服装设计等相关专业的教材，对从事服装设计的专业设计人员也有一定的参考价值。

图书在版编目（CIP）数据

时装画表现技法 / 刘亚全，张苹主编.—北京：北京理工大学出版社，2020.3
ISBN 978-7-5682-8201-7

Ⅰ.①时… Ⅱ.①刘… ②张… Ⅲ.①时装－绘画技法 Ⅳ.①TS941.28

中国版本图书馆CIP数据核字（2020）第035282号

出版发行／北京理工大学出版社有限责任公司	
社　　址／北京市海淀区中关村南大街5号	
邮　　编／100081	
电　　话／（010）68914775（总编室）	
（010）82562903（教材售后服务热线）	
（010）68948351（其他图书服务热线）	
网　　址／http://www.bitpress.com.cn	
经　　销／全国各地新华书店	
印　　刷／天津久佳雅创印刷有限公司	
开　　本／889毫米×1194毫米　1/16	
印　　张／9.5	责任编辑／钟　博
字　　数／265千字	文案编辑／钟　博
版　　次／2020年3月第1版　2020年3月第1次印刷	责任校对／周瑞红
定　　价／82.00元	责任印制／边心超

编审委员会

总 序 PREFACE

　　服装行业作为我国传统支柱产业之一，在国民经济中占有非常重要的地位。近年来，随着国民收入的不断增加，服装消费已经从单一的遮体避寒的温饱型物质消费转向以时尚、文化、品牌、形象等需求为主导的精神消费。与此同时，人们的服装品牌意识逐渐增强，服装销售渠道由线下到线上再到全渠道的竞争日益加剧。未来的服装设计、生产也将走向智能化、数字化。在服装购买方式方面，"虚拟衣柜""虚拟试衣间"和"梦境全息展示柜"等3D服装体验技术的出现，更是预示着以"DIY体验"为主导的服装销售潮流即将来临。

　　要想在未来的服装行业中谋求更好的发展，不管是服装设计还是服装生产领域都需要大量的专业技术型人才。促进我国服装设计高等教育的产教融合，为维持服装行业的可持续发展提供充足的技术型人才资源，是教育工作者们义不容辞的责任。为此，我们根据《国家职业教育改革实施方案》中提出的"促进产教融合　校企'双元'育人"等文件精神，联合服装领域的相关专家、学者及优秀的一线教师，策划出版了本套教材。本套教材主要凸显三大特色：

　　一是教材编写方面。由学校和企业相关人员共同参与编写，严格遵循理论以"必需、够用为度"的原则，构建以任务为驱动、以案例为主线、以理论为辅助的教材编写模式。通过任务实施或案例应用来提炼知识点，让基础理论知识穿插到实际案例当中，克服传统教学纯理论灌输方式的弊端，强化技术应用及职业素质培养，激发学生的学习积极性。

　　二是教材形态方面。除传统的纸质教学内容外，还匹配了案例导入、知识点讲解、操作技法演示、拓展阅读等丰富的二维码资源，用手机扫码即可观看，实现随时随地、线上线下互动学习，极大满足信息化时代学生利用零碎时间学习、分享、互动的需求。

　　三是教材资源匹配方面。为更好地满足课程教学需要，本套教材匹配了"智荟课程"教学资源平台，提供教学大纲、电子教案、课程设计、教学案例、微课等丰富的课程教学资源，还可借助平台组织课堂讨论、课堂测试等，有助于教师实现对教学过程的全方位把控。

　　本套教材力争在高等教育教材内容的选取与组织、教学方式的变革与创新、教学资源的整合与发展方面，做出有意义的探索和实践。希望本套教材的出版，能为当今服装设计教育的发展提供借鉴和思路。我们坚信，在国家各项方针政策的引领下，在各界同人的共同努力下，我国服装设计教育必将迎来一个全新的蓬勃发展时期！

编审委员会

现代人们的生活逐渐向个性化、时尚化发展，人们的审美能力日渐提高，这就需要时装设计师设计出符合现代人审美要求且新颖别致的服装，以满足广大消费者的需求。时装设计师需通过绘制时装画的形式来表达设计想法，因此绘制时装画是时装设计师必须掌握的专业技能之一，它是连接时装设计师与工艺师、消费者的桥梁。

本书由时装绘画技法相关知识、企业设计稿、设计大赛作品、院校师生作品等内容构成，包含大量具有设计感的时装画，能使学生奠定扎实的基础，进而较好地完成服装设计能力的培养。本门课程是服装专业基础课程，可为"服装结构设计""工艺设计""服装设计""服装色彩设计""服饰图案"等课程的顺利进行提供专业基础保障。

本书根据编者多年的教学经验编写而成，力求在展示大量有设计感的时装画的基础上，让学生在进行绘画技能训练的同时潜移默化地学到设计知识。本书将不同专业领域的知识结合起来，具有跨行业性。本书内容系统而全面，重点突出，对时装画绘制过程有详细介绍。本书既有丰富的实践理论知识，又配有大量精美图片，紧跟时代潮流，不失时尚性。本书整体编排体现了高等教育课程改革的教学理念，同时进行了一些创新性的探索。

本书由刘亚全、张苹任主编，蔡婉云、沈塔和赵芳任副主编，第二章以及第三章第一节由刘亚全编写，第四章由张苹编写，第一章第一、三节由蔡婉云编写，第三章第二节由沈塔编写，第一章第二节由赵芳编写。全书由刘亚全负责统稿。

由于编者水平有限，书中难免存在不足或疏漏之处，敬请读者批评指正。

编 者

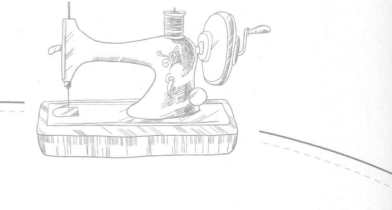

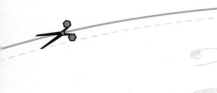

目录 CONTENTS

第一章
时装画的相关知识

第一节　时装画综述

一、时装画的概念

时装画（Fashion Illustration）又称服装画、服装效果图、时装效果图。它以时装为主题，展示人体着装后的效果与气氛，是时装设计师表达设计构想、设计思维和设计风格的有效手段，还是具有一定艺术性和工艺性的一种特殊形式的画种。

二、时装画的分类

根据创作目的不同，时装画可以分为以下四种。

1. 设计草图

设计草图是设计师对灵感的捕捉、构思的记录，是一件服装作品最早的纸面表现形式。它分为彩色设计草图以及线稿设计草图，如图1-1、图1-2所示。其特点是具有概括性、快速性以及不完整性。

时装画中线描的
分类与应用

图 1-1　彩色设计草图（作者：刘亚全）

图 1-2   线稿设计草图（作者：刘亚全）

2．时装效果图

时装效果图是对时装设计产品较为具体的展示，是设计师在设计草图的基础上对自己构思的进一步完善。它分为手绘时装效果图和计算机时装效果图，如图 1-3、图 1-4 所示。时装效果图用于设计师记录设计灵感之后、制作服装之前，帮助设计师洞悉每套服装的每一处细节，做到胸中有数，把握服装成品的最终效果；款式表达较为清晰，色彩明确，面料的质感、纹样刻画具体；在绘制过程中，细节处可以放大，也可以配详细的文字说明。这种形式的画具有一定的艺术性，设计师要有一定的绘画功底，绘制时装效果图是时装设计师必须掌握的主要技能之一。

3．工业效果图

工业效果图是在产品生产、交易过程中运用的一种时装画，也是设计师与工艺师之间沟通的桥梁，更多地应用于大规模的成衣生产。工业效果图能让服装制作者清晰地读懂设计师的设计意图，明确服装的结构与制作工艺，以便于制作。这种形式的画因为是按照真实的人体比例绘制的，所以实用性很强，但其颜色以平涂的方式表现为多，缺乏艺术性，适合服装工厂生产使用。

4．时装插画

时装插画是指在报刊、海报、橱窗、杂志等处为时装品牌、产品、设计师、流行预测或时尚活动专门绘制的时装画，如图 1-5 ～图 1-7 所示。时装插画可以任由绘画者发挥，商业性才是其最终目的。时装插画要求绘画者需有很强的绘画功底，主要强调艺术效果。

图 1-3 手绘时装效果图（作者：刘亚全）

图 1-4 计算机时装效果图（作者：林文钰）

图 1-5　时装插画（作者：朴秀兰）

图 1-6　时装插画（作者：劳拉·莱恩）

图 1-7　时装插画（作者：阿图罗·埃琳娜）

第二节   绘制时装画的材料与工具

绘制时装画的材料与工具大致可以分为画纸、画笔、颜料以及辅助工具四大类。学生可以在满足基本绘制要求的情况下，根据自己的喜好准备材料与工具。

一、画纸

画纸的类型很多，如图1-8所示，但性能各不相同，所表现出来的画面效果也就有所不同。因此，表现不同质感效果的服装，应选用相对应的画纸。画纸类型大致有以下几种。

1．素描纸

素描纸纸质较单薄，易破损，吸水性不是很好，所以着色效果一般。素描纸正面有浅纹理，背面光滑，可根据设计师的个人爱好以及要表达的效果，选择在素描纸的正面或背面进行绘制。

2．水粉纸

水粉纸纸质较厚，有纹理，吸水性很好，着色效果较好。水粉纸运用广泛，基本上适合所有风格的服装表现技法，如彩铅技法、马克笔技法、水粉技法、水彩技法等。

3．水彩纸

水彩纸纸质好，纹理清晰，吸水性很强，着色效果很好。但水彩纸价格比较高，并且不是所有风格的服装表现技法都适合用水彩纸，如马克笔技法。

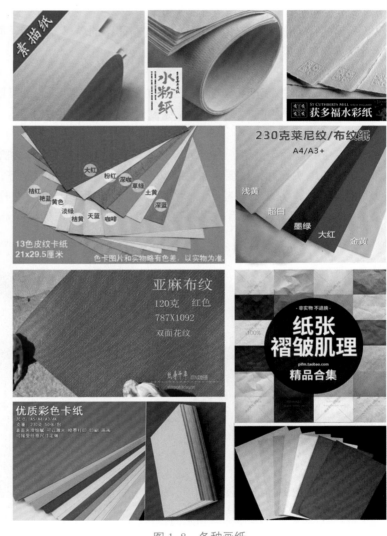

图1-8   各种画纸

4．卡纸

白色卡纸表面光滑、坚实、耐磨、弹性较好，适合马克笔技法的运用，但白色卡纸的吸水性不好，着色效果较差，不适合彩铅技法以及水粉技法的运用；黑色卡纸一般用于画面的装裱，或者一些特殊技法的表现。

5．底纹纸

底纹纸一般适用于一些特殊技法，例如，将底纹纸运用在绘制服装面料上，可以节省绘制纹理的时间。底纹纸同样可以用于画面的装裱。

6．有色纸

有色纸的颜色可以作为时装画背景，也可以作为服装的颜色。利用有色纸，画好了线描稿后不用上色，绘制出服装的暗面与亮面即可。此外，有色纸还可以用于画面的装饰。

7．其他纸

报纸、卫生纸、褶皱纸、餐巾纸、宣纸、毛边纸、牛皮纸等都可以作为画纸使用，根据设计需要进行选择即可。

二、画笔

画笔的种类很多，需根据服装的款式、面料的质感，选用不同的画笔绘制时装画。画笔大致可分为以下几种类型。

1．铅笔

一般来说，主要选用型号在 H 至 2B 之间的铅笔绘画，也可以根据个人喜好选择，如图 1-9 所示。铅笔主要用于构图、画草图，是绘制时装画不可缺少的工具。

2．毛笔

毛笔主要选用勾线笔、白云笔、狼毫笔三种（图 1-10）。挑选毛笔时，毛笔的笔头要尖、齐、圆、健，即笔头锋颖，既要尖锐似锥又要圆润，笔头要修削整齐，笔尖要丰满、富有弹性。笔杆一般多用凤尾竹、湘妃竹、花竹、紫竹制成。挑选毛笔时要看笔杆是否圆正光滑，不瘪、不裂、不弯、不斜，长短适度；最后，要看笔头与笔杆是否粘牢，笔头有无发霉、虫蛀现象。

图 1-9　铅笔

图 1-10　毛笔

（1）勾线笔。采用动物毛作为原料制作，比如鼠须、黄鼠狼毛等，笔毛呈灰色。绘制时装画一般选用衣纹笔或者叶筋笔。

（2）羊毫笔。笔毛呈白色，笔肚较大，含水量大，常用于填色。绘制时装画一般选用白云笔，型号有大号、中号、小号三种。

（3）狼毫笔。笔毛呈棕色，笔肚不大，弹性强，常用于染色。绘制时装画一般选用兰竹笔，型号有大号、中号、小号三种。

3．水彩笔、水粉笔

水彩笔笔头较柔软，吸水性较好，含水量大，如图 1-11 所示；水粉笔笔头较硬，吸水性一般，适合绘制笔触感强的时装画，如图 1-12 所示。可根据个人喜好选择，一般按单号或者双号购买，比如买单号的笔，就选 1、3、5、7、9、11 型号，全部型号都买也可以。

4．排刷笔

排刷笔比较宽，适合画大面积的地方，比如画背景，如图 1-13 所示。

图 1-11　水彩笔　　　　　　　　图 1-12　水粉笔　　　　　　　　图 1-13　排刷笔

5．美工笔

美工笔可以方便快捷地绘制出各种形式的线条。由于美工笔的笔头是弯的，如图 1-14 所示，笔头立起来可以绘制出细线条，笔头侧向纸面则可以绘制出粗线条，侧的程度不一样，绘制的线条粗细也就不一样。

6．圆珠笔

圆珠笔笔尖圆滑、柔软而有弹性，画出的线条粗细均匀、流畅，如图 1-15 所示。

图 1-14　美工笔　　　　　　　　　　　　　图 1-15　圆珠笔

7．马克笔

马克笔又称麦克笔、记号笔，如图 1-16 所示。它分为水性和油性两种，油性马克笔干得快、耐光性好；水性马克笔颜色鲜艳亮丽、清透明快。其色彩明度与纯度都比较高，表现力强，可以进行快速绘制，并且携带和使用方便，符合现代人的要求，是时装画较为理想的表现工具之一。马克笔一般按色系购买，每个色系至少要有深色、中色、浅色三个明暗层次，黑色和灰色也是一样。

8．彩色铅笔

彩色铅笔（彩铅）有 8 色、12 色、24 色、48 色、108 色之分，如图 1-17 所示。其特点是携带方便，便于绘制设计草图，具有铅笔的功能，表现力很强，并经常与其他工具结合使用。它分为油性彩铅和水溶性彩铅两种。对于使用水溶性彩铅绘制的时装画，可以用毛笔蘸水加以渲染，具有水彩画的效果。油性和水溶性彩铅都要根据画面效果的需要选用。

9．色粉笔

在粉质的色料中加入适当的胶黏剂，使其成为条棒状的干粉笔，即称为色粉笔，如图1-18所示。色粉笔质地松软，容易脱落，但便于画大面积效果。

图 1-16　马克笔　　　　　　　图 1-17　彩色铅笔　　　　　　　图 1-18 色粉笔

10．其他笔

化妆笔、画眉笔、头发、动物毛等也都可以作为画时装画的工具。

三、颜料

绘制时装画常用的颜料有水粉颜料、水彩颜料、丙烯颜料、纺织染料。

1．水粉颜料

水粉颜料又称宣传色、广告色，其含胶质较多，具有较强的覆盖力和表现力，是绘制时装画时最常用的颜料之一，深受绘画者的喜爱，如图1-19所示。它还可以与彩铅技法、马克笔技法等结合使用。水粉颜料分为管装和罐装，时装画首选管装颜料，管装颜料不容易干而且方便携带；用得多的颜色可以选用罐装的。水粉颜料一般购买24色以上的。

2．水彩颜料

水彩颜料所含胶质少，具有色彩明快和透明度好的特点，如图1-20所示。水彩颜料加水稀释后透明性会增强，颜料涂得较厚时呈现半透明和不透明的效果，加白色则为不透明。水彩颜料可以表现出干净、明亮、清晰的效果。一般购买24色以上的水彩颜料，其价格一般比水粉颜料高。

3．丙烯颜料

丙烯颜料可以用水或者油进行调和，可以表现透明的效果，还可以表现厚重的油画效果，其黏固性较好，不易改动，水洗不易掉色，如图1-21所示。

4．纺织染料

纺织染料分为天然染料和合成染料。天然染料为植物果实、树液等的提取物；合成染料为煤焦油等天然化学物质的提取物，它是用于纺织品染色的一种染剂，如图1-22所示。纺织染料在纺织品上着色效果好，不易褪色，水洗不易掉色，手感变化不大，不会出现变硬等情况，但颜色艳丽度与饱和度没有丙烯颜料好。

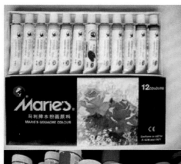

抗晒力强，久晒不变色，不掉色。附着力强，干后防水，且不易掉落。

膏体细腻、光滑，浓度及色泽均匀一致。

图 1-19   水粉颜料   图 1-20   水彩颜料   图 1-21   丙烯颜料

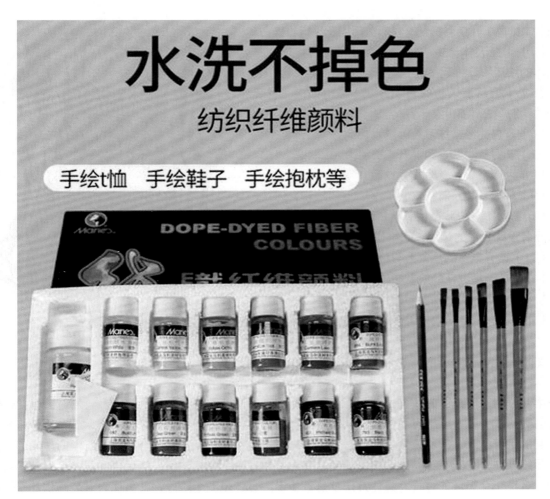

图 1-22   纺织染料

四、辅助工具

绘制时装画常用的辅助工具有调色盒、调色盘或调色板、水桶、水杯、画板、橡皮擦、美工刀、胶带、夹子、剪刀等。

第三节　时装画的绘制方法

服装人体的绘制

一、学习绘制时装画需具备的条件

学习任何事物，都应该运用理论和实践相结合的方式，因为实践是检验真理的唯一标准。学习时装画绘制也是同样的道理，应先从理论上了解和理解时装画所涉及的内容，再根据理论逐一进行实践。因此，绘制时装画的学习应在进行以下准备工作及具有相关基础技能的前提下进行。

（1）了解中外服装史以及服装大师的作品风格。

（2）收集中外优秀时装画作品，如图 1-23 所示。

（3）了解款式图绘制技法（详情扫描"款式图的绘制技法"二维码）、色彩搭配、材料运用以及流行趋势。

（4）掌握人体比例、结构、姿态（详情扫描"服装人体的绘制"二维码）。

（5）掌握着装人物的表现方法（详情扫描"着装人物的绘制"二维码）。

（6）掌握并经常练习绘画基本功。

（7）掌握美学知识和提升审美能力。

（8）大量临摹和默写优秀作品。

（9）掌握各种绘制技法。

（10）掌握一些服装计算机辅助设计软件（详情扫描"服装设计软件的运用"二维码）。

（11）具有丰富的想象力与创造性思维。

（12）勇于尝试新的绘制技法。

（13）绘制的时装画要与时俱进。

（14）要形成自己的时装画风格。

二、时装画绘制的方法

图 1-23　国内著名时装画作品 1（作者：刘蓬）

学习绘制时装画的方法各式各样，不管使用哪种方法，首先都是量的累积。绘制时装画要达到一定的数量才会在技能上有质的飞跃。大量的练习是学习绘制时装画的必经之路，勤奋是学好时装画绘制的最好方法。其次是学习要得法，需要先理解时装画所涉及的内容，再将所学的理论逐一融入实际绘画中去。若在绘制过程中发现问题就再回到理论上继续钻研，然后再实践，直到问题得以解决，这是一个循环的过程。具体方法就是五步走，也就是五个阶段：临摹优秀时装画作品——绘制时装图片——默画时装画——形成独特风格——进行主题设计创作。

1. 临摹优秀时装画作品

选择优秀的时装画作品至关重要。

（1）选择优秀时装画作品的途径。

①国内外著名时装画作品，如图1-24～图1-27所示。

着装人物的绘制

款式图的绘制技法

图1-24　国内著名时装画作品2（作者：刘蓬）

服装设计软件的运用

图1-25　国内著名时装画作品3（作者：刘蓬）

图 1-26　国内著名时装画作品 4（作者：张肇达）

图 1-27　国内著名时装画作品 5（作者：张肇达）

②各种服装设计大赛优秀作品。

（2）选择优秀时装画作品的要点。

①所选优秀时装画作品与自己的喜好一致。

②要有很好的审美能力。有些绘画者的审美能力很差，选择一些不是很好的作品临摹，起点就低。甚至有些绘画者没有审美能力，他看到的所有绘画作品都是一样的，没有好坏。在此，建议绘画者多看一些美学方面的书籍，以提高审美能力。

临摹优秀时装画作品的重点如下：

（1）先读懂优秀时装画作品的所有内容（包括用笔、用线、构图、色彩、设计、背景、风格等）再去临摹。

（2）学以致用。把临摹时学到的方法记在脑海里面，下次碰到相似的情况可以采用此种方法处理。长此以往，日积月累，学到的方法越来越多，自然而然就掌握了一些绘制方法。

2．绘制时装图片

临摹了大量的优秀时装画作品之后，绘画者已经掌握了一些绘制方法，在此基础上进一步加大难度，可以绘制时装图片。绘制时装图片的难度在于要进行艺术化处理，艺术化处理就是要按照美学原则以及当时人们的审美情趣进行加减、变形等处理。以女性为例，艺术化处理的要点如下：

（1）整个人体比例加长，至少要8个半头长。

（2）眼睛夸张一些，以眼大为美。

（3）颈部和腰部画细。

（4）人体姿态夸张一些。

（5）增强明暗对比。

（6）按照美学原则作加法处理。

（7）按照美学原则作减法处理。

（8）不要与原时装图片效果一样。

3．默画时装画

通过大量临摹优秀时装画作品以及绘制时装图片，绘画者掌握了一些绘制方法，并且脑海里已经形成很多画面，这时便可以把以前绘制过的作品默画下来，或者将其重新组合，默画成另外一种效果。

4．形成独特风格

绘制时装画不能一味地模仿别人的绘制方法，要形成自己的与众不同的风格。风格的形成不是一朝一夕的事，需要大量的思考与练习。具体来说就是绘制时装画的所有内容都需有自己的一套方法，比如头部的造型、线条的运用、明暗的处理、着色等，每个细节的处理也一样要有自己的方法。

时装画的风格形式有以下几种：

（1）个人风格。在长期的练习和创作实践中，持续使用某些形式，并且创造性地发挥它们的特长，进而形成独具特色的、完整系统的表现方式，如图1-28所示。

（2)草图风格。使用简化手法，目的明确，中心突出，快速完成服装绘制的表现方式，如图1-29所示。

（3）写实风格。按照时装设计完成后的真实效果进行描绘。画面中的服装和人物刻画细微，结构变化都很清楚，素描关系甚至比真实的还要逼真，如图1-30所示。

（4）装饰风格。抓住时装设计的主题，将服装和人物按一定的美感进行适当的变形、夸张等艺术化处理，将设计作品最后以装饰的形式表现出来，如图1-31所示。

（5）怪异荒诞风格。放弃对服装和人物的合理描绘，突破常规的设计理念，追求怪异的视觉效果，如图1-32所示。

图 1-28　个人风格（作者：刘蓬）

图 1-29　草图风格（作者：张肇达）

图 1-30　写实风格（作者：NabilNezzar）

图 1-31　装饰风格（作者：Liselotte Watkins）

图 1-32　怪异荒诞风格（作者：毛诗逸）

（6）夸张风格。针对服装的色彩、造型，人体造型等进行放大、缩小、增加、减少、变形等艺术化处理，使画面产生强烈的对比，以突出视觉效果，引起人们的注意，如图 1-33 所示。

图 1-33　夸张风格（作者：Laura Laine）

（7）繁复风格。运用复杂元素，形成造型繁复、色彩强烈而丰富、华丽、炫耀、夸张、装饰性很强的效果，如图 1-34 所示。

图 1-34　繁复风格（作者：Sunny Gu）

（8）卡通漫画风格。运用卡通漫画的形式绘制，抓住主要特征进行夸张、变形、概括处理。卡通的"不守规则"成为其最统一的规则，如图 1-35 所示。

（9）蒙太奇风格。采用画面剪辑和画面合成手法进行绘制，如在人物相片上绘制，如图 1-36 所示。

5．进行主题设计创作

服装设计大赛大多以主题设计创作的形式开展，如图 1-37 所示。主题设计创作是在掌握时装画绘制方法的基础上进行的服装设计，因此，绘制者不仅要掌握时装画绘制技法，还要懂得设计方法，才能顺利进行主题设计创作。服装设计大赛时装画的绘制主要有以下四点要求：①以 3 ~ 5 套为一个系列；②绘制出正、反面款式图；③写上主题名称以及设计构思；④贴上面料小样。

图 1-35　卡通漫画风格（作者：Nancy Zhang）

图 1-36　蒙太奇风格（作者：Prince Lauder）

泳装效果图

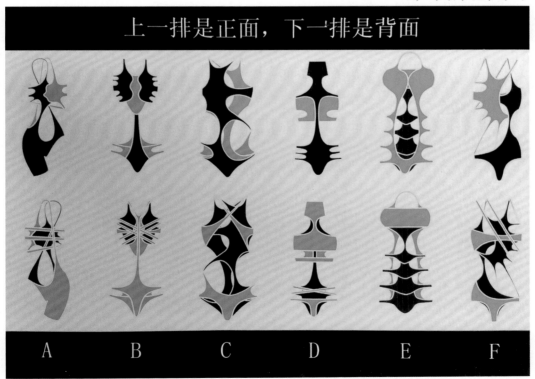

泳装款式图

参加全国中华杯内衣·沙滩装设计大赛作品

图 1-37　主题设计创作（作者：刘亚全）

三、不同绘画水平绘制者的学习方法

　　因材施教是指教育者根据绘制者的不同绘画水平用不同的方法进行指导教学，时装画绘制者也要根据自己的实际绘画水平采用相适应的学习方法，因材择法。

　　如果绘制者有一定的绘画基础，则其学习时装画入门会比较快。绘制者的绘画学习方向与经历不同，其绘制出的时装画效果也不一样。比如绘制者之前是学雕塑的，那么其绘制的时装画就会有立体感较强的雕塑效果；再如绘制者之前是学卡通画的，那么其绘制的时装画就会有漫画的效果。关键是把自己的绘画风格融入时装画中，而不是把时装画画成以前所学的漫画、国画等，这就要求绘制者要多思考，绘制者需要掌握将绘画基础知识运用到时装画绘制中的方法。掌握这种方法后，阅历丰富的绘制者便可以把各种绘画特点糅合在一起，绘制出丰富多彩的时装画，如果没有掌握这种方法，那么所画的就不是时装画了。

　　如果绘制者没有绘画基础，学习时装画入门则会慢一些，平时须多花时间练习。

第二章
时装画的表现技法

时装画的效果不仅受人体比例、服装款式变化、服装色彩搭配、线描运用、明暗处理等因素的影响，也受到服装着色方法以及各种绘制技法的决定性影响。这就要求设计师在具备扎实的服装专业知识的同时，具有一定的设计表现能力。时装画效果表现的好与坏，直接影响设计师是否能够将设计意图表达清楚，优秀的时装画作品能够使人们清楚地了解设计师的意图。时装画的表现技法，是服装设计师需具备的重要基础能力。随着人们的审美能力以及对服装的要求的提高，时装画的表现技法和手法越来越丰富。比如时装画的着色工具就有水彩笔、水粉笔、马克笔、彩铅、油画棒、蜡笔、色粉笔等，此外，还有各种织物面料的表现技法。本章针对一些常用的表现技法进行介绍。

第一节　时装画着色

单色时装画的明暗处理

一、着色方法

时装画着色即在不同部位以及不同的明暗处选用恰当的颜色进行绘制。时装画的着色方法与单色时装画的明暗处理方法（详情扫描"单色时装画的明暗处理"二维码）基本相同，不同的是由一种颜色变成多种颜色。单色时装画的绘制容易驾驭，整体效果不容易出偏差，若颜色种类繁多，绘制时就较麻烦。有些颜色不易搭配，如对比色红和绿，但也可以通过改变纯度、明度、面积以及应用无彩色进行分割等处理方法进行色彩搭配。因此，了解和掌握颜色搭配以及处理方法至关重要。

二、着色步骤

时装画着色通常按图 2-1 所示的步骤进行，具体如下所述：

图 2-1　着色步骤（作者：刘亚全）

（1）准备好绘制工具。选用什么颜料就需搭配相对应的工具，如用水粉颜料就准备好颜料、水、水桶、画笔等。

（2）调配人体、衣服的颜色。先调配三大面的颜色，画好后，再调配五大调子的颜色。彩铅、马克笔是边画边调；水粉笔、水彩笔是先调好再画。

人体颜色的调配方法：黄色（用中黄偏多）+赭石或熟褐（降低纯度）+红色（少许，用玫瑰红偏多）+白色（细节刻画时根据部位的明暗情况可以增多或减少）+黑色（一般很少用，除非颜色很深）。

衣服颜色的调配方法：固有色（衣服本身是什么颜色就选用什么颜色）+赭石或熟褐（降低纯度）+湖蓝（光源色，用在光线照射的亮面）+白色（细节刻画时，根据部位的明暗情况可以增多或减少）+深色（根据衣服固有色，确定采用偏暖还是偏冷的深色，颜色特别深的地方可以用黑色）。

（3）铺大色调。用浅色铺，以便后面加深颜色。铺大色调时应按照三大面的位置进行，要学会留白，不要平涂。亮面一般留白，灰面用固有色绘制，固有色不一定是一种颜色，也可以是由多种颜色调出的。暗面要加深色，颜色要与灰面协调。

（4）深入刻画。将重点部位细致刻画，对比要强烈。

（5）勾线。可以应用三种线描形式，可以边画边勾线。

（6）调整画面，最终完成绘制（图2-2）。反复调整画面整体与局部、虚与实、主与次、松与紧等关系。

第二节　水彩时装画表现技法

一、水彩时装画的概念

水彩时装画是用水调和透明颜料作的一种画。水彩颜料中的水分易干，不宜绘制大幅作品，适合绘制清新明快的小幅画作。因为水彩颜料的透明性，一层颜色与另一层颜色覆盖时可以产生特殊的效果，但覆盖过多或颜色调和过多会使色彩显得杂乱。水彩表现技法在时装画绘制中应用相当广泛，是服装设计师最常用的设计表现形式之一。

图 2-2　着色完成效果（作者：刘亚全）

二、水彩时装画的特征

水彩时装画之所以受到服装设计师的喜爱，是因为它有与众不同的特性，如它具有通透的视觉效果，而且表现快速，颜色易干，色彩层次丰富；水彩颜料的透明性特点还可使画面表面产生一种明澈的效果；绘制时水的流动会使画面产生淋漓酣畅、自然洒脱的效果。此外，水彩笔还可与钢笔、铅笔、马克笔等结合使用，更具表现力。在时装画中，水彩表现技法适合表现轻薄柔软的丝绸、薄纱等材质的服装。

水彩时装画与水粉时装
画优秀作品展示

三、绘制水彩时装画的工具、材料

1．画笔

画笔依笔的形状可分成圆头笔及平头笔，圆头笔适合勾绘描写，平头笔适合平涂块面、线条。此外，还有专门画线条用的线笔、大面积涂刷用的排刷笔。一般画笔有 0 ~ 12 号共 13 种。画笔一般准备大、中、小 3 种型号的圆头笔，3 ~ 4 厘米宽的排刷笔一把以及一两只平头笔。

2．画纸

画纸有手工纸和机器纸两种，手工纸价格较高，一般选用较便宜的机器纸。机器纸一般有热压、冷压和粗面 3 种不同粗糙度的纸面。热压为细目，表面平滑，不易吸收颜料，常用来绘制精细的作品；冷压为中目，最能发挥水彩的特性，是大多数设计师喜欢的纸张；粗面的画纸，由于水彩颜料干得慢，适合绘制需要较长时间处理的作品。对于初学者来说，首选冷压，其次是热压。其实对于时装画来说，选用素描纸和水粉纸都可以，而且便宜实惠。纸的尺寸一般采用 8 开或 4 开。绘制之前可以把画纸四周粘贴在画板上，步骤是先用清水将画纸的两面全部刷湿，然后用水融性胶带把画纸四边粘贴在画板上，这样处理后的纸张平整并且便于绘制。

3．颜料

颜料一般采用管装的就可以，为调色便利，应按照色彩的冷暖排列。常用排列顺序依次为深红、大红、朱红、橙色、土黄、中黄、柠檬黄、永固浅绿、宝石翠绿、湖蓝、群青、普蓝、佩恩灰、凡·戴克棕、熟褐、熟赭。一般购买 24 色以上的，价格比水粉颜料高一些。

4．辅助工具

除上述工具、材料之外，还应准备一些辅助工具，如调色用的调色盒、涮笔用的水罐、带有喷雾口的小瓶、纸巾、海绵等工具。

四、水彩时装画的表现技法要点分析

1．颜料水分的控制

画作在绘制完底色后进行叠色，叠色时，笔头含色要多，含水宜少，这样既可把握形体，又可使之渗化。

（1）时间控制。颜料的水分要控制得当，叠色太早、太湿，会渗化并失去形体，叠色太晚，底色将干，会与底色衔接生硬。若重叠之色较淡，要等底色稍干后再画。

（2）空气干湿度的控制。在室内绘画水分挥发较慢，所以在这种情况下，绘画用水宜少。在天气干燥的室外，水分挥发快，绘画用水需增加，绘画的速度同时也需提高。

（3）画纸吸水程度的控制。纸吸水慢时用水宜少，纸吸水较快时则要多用水。大面积渲染晕色用水宜多，局部和细节刻画用水应适当减少。

2．掌握留白的方法

水彩时装画表现技法最为突出的特点就是留白，这是水彩颜料的透明特性决定的。由于浅色不能覆盖深色，不能依靠淡色和白粉提亮，只能先留出空白再处理。恰当的空白会加强画面的生动性与表现力，但乱留白会造成画面琐碎、不完整。一些浅亮、白色部分、细节以及很小的点和面，都要在涂色时巧妙留白，并且一般在上色之前就把留白处用铅笔标出。

五、水彩时装画的表现技法

水彩时装画的表现技法具体有以下几种。

1．干画法

干画法是一种多层颜色重叠的画法，即先用薄颜色画出基本调子，等到颜色干后再进行第二遍着色，不求渗化效果，可以比较从容地一遍遍着色，直至完成最后的效果，如图 2-3 所示。干画法适合表现质感厚重的服装。干画法具体可分为层涂法、罩色法、接色色、枯笔法。

（1）层涂法。层涂法即在着色干后再涂色，一层层重叠颜色。有的地方涂一遍即可，有的地方需涂两遍、三遍甚至更多遍，以产生有明暗层次的立体效果。但重复遍数不宜过多，以免色彩灰脏失去透明感。

（2）罩色法。罩色法是一种干的重叠方法，常在较大面积中使用，如在调整画面时就经常采用此法。还比如画面中几块颜色不够统一，罩一种颜色可使画面颜色统一。

（3）接色法。接色法是在邻接的颜色干后，从其旁边进行涂

图 2-3　干画法（作者：汪丹丹）

色，色块之间不渗化。这种方法的特点是表现的物体轮廓清晰、色彩明快。

（4）枯笔法。使用枯笔法时，笔头水少色多，运笔容易出现飞白。表现闪光或柔中见刚等效果常采用枯笔的方法。

2．湿画法

湿画法是根据画面需要，先将画纸局部或者整张浸湿，在纸面还潮湿时进行绘制，潮湿的程度不同，画面效果也不一样。一般是在第一遍颜色稍微收水的时候画第二遍，直到完成最后的效果，如图2-4所示。湿画法既可表现厚重的毛皮类服装，也可表现飘逸的丝绸类服装。湿画法具体可分为以下几种：

（1）重叠法。重叠法即将画纸浸湿或部分刷湿，未干时着色和着色未干时重叠颜色。如果水分和时间控制得当，会产生自然而圆润的效果。此法在表现雨雾气氛、湿润水汪的意趣效果方面是其他画法比不了的。

（2）接色法。接色法即在接近未干时进行接色，使画面水色流渗，交界模糊，表现过渡柔和的渐变效果时多用此法。接色时水分要均匀，以免水多向少处冲流，产生不必要的水渍。

（3）破色法。破色的"破"，在于掌握好干湿程度。过湿渗化太快，臃肿无骨；过干则难以融洽。至于何时当破，还要看纸质、干湿程度，这需在实践中自行体会，没有一定的时间标准。破色法大致有以下几

图2-4　湿画法（作者：田杨子）

种：①浓破淡。先施以淡色，待半干时复加浓色，使浓、淡颜色自然渗化，相互交融，自然天成。②淡破浓。先施以浓色，未干之时用淡色绘制，使浓、淡颜色衔接自然丰富。

干画法和湿画法在操作中常结合使用，以使画面更加生动。以湿画为主的画面局部采用干画，以干画为主的画面也有湿画的部分，干湿结合，表现充分，浓淡枯润，妙趣横生。

3．渲染法

渲染法又称晕染法，是借鉴中国工笔画渲染、推移的表现技法，如图 2-5 所示。渲染法应用在时装画中，能够表现服装丰富的变化层次，营造出自然的韵律美感，形成独特的风格。其效果具有一种柔软、温和的感觉，最适合表现柔软质感的服装，如丝、绸、缎、纱等制成的服装。

运用渲染法的关键是同时用两支笔，一支笔蘸颜料沿着线条的一侧涂在纸上，待其未干时用另一支笔蘸清水把颜色化开，形成由浓到淡的色彩明度推移，以表现物象的明暗，或云雾的显隐。

渲染法具体可分为以下几种：

（1）分染。分染就是分层着色，也就是传统技法"三矾九染"，简称"矾染"。实际上，并不一定矾 3 次，染 9 次，还是以分染达到想要的效果为主。矾的作用是防止在第二次着色时把第一次着的色泛起来，分染的目的是表现物象基本的明暗关系。

分染的方法有两种：第一种是先深后浅，以浅压深；第二种是先浅后深，以

图 2-5　渲染法（作者：谢玲丽）

深压浅。不管哪一种染法，第一遍都要着浅色，并等第一遍着色彻底干透之后才能染第二遍、第三遍、第四遍，直到满意为止。

（2）罩染。罩染大多数是在充分分染之后罩上一层颜色，需透露出分染过的底色，然后再进行局部渲染。罩染以平涂为主，通常用水色和半透明色覆盖。颜色要淡，浓度不要超过分染过后的底色。用笔要轻，边缘处要淡淡染开。

（3）接染。接染是指使用两种颜色画出物象的深浅，然后用水笔趁湿润的时候将颜色接染融合在一起。

（4）醒染。醒染是在罩色之后略显发闷的基础上用深色重新分染，使画面更加醒目。

（5）提染。提染是指在染色将近完工时用某种小面积的颜色，对画面局部进行提亮或者加深。

（6）烘染。烘染是在所绘制的物象周围淡淡地渲染一层底色以衬托或者掩饰物体，使物象不至于显得太过孤立。

5．淡彩法

运用淡彩法绘制的画作具有简洁、清新的艺术效果，如图 2-6 所示。根据勾线的工具不同，其分为铅笔淡彩、钢笔淡彩和毛笔淡彩，最方便的是铅笔淡彩和钢笔淡彩。在设色时要求色少水多，干净利落。上色时需保留铅笔的一次性速写效果，用笔随意，明丽淡雅，不追求详尽的明暗关系和微妙的色彩变化。

6．薄画法

薄画法脱胎于水彩画的传统技巧，运用稀薄的色彩与纸面结合的色彩变化，力求用笔干净整洁，色彩明快淡雅，纸色晶莹透明，如图 2-7 所示。薄画法适于表现轻薄、飘逸的服装。

7．肌理法

（1）刀刮法。用小刀在着色前、中、后进行刮划，通过破坏纸面达到一种特殊的效果。具体方法为着色前先或轻或重、或宽或窄地破坏部分纸面，因刮毛之处吸色能力强，着色后刀刮的周围颜色会重一点；在着色过程中进行刀刮，水多时会产生重的刀痕，水少时浮色被刮掉又会产生较亮的刀痕，处理有关细节时可用此法；着色干透后，用刀刮出白纸，或轻巧或断断续续地刮，表现亮线、亮点或亮面，如闪动的光点和冬天飘落的雪花等。

图 2-6　淡彩法（作者：毛艳丽）

图 2-7　薄画法（作者：章刚）

（2）蜡笔法。着色前用蜡笔涂在设计好的地方，因为水和蜡不相溶，着色时尽可大胆运笔，涂蜡之处会自然空出，达到事半功倍的效果，如图2-8所示。

（3）吸洗法。用过滤纸、生宣纸等吸水纸或海绵、干画笔趁着色未干时吸去部分颜色，吸的轻重、大小可根据效果需要灵活掌握。也可在吸去颜色后再着淡彩，也别具味道，有异曲同工之妙。

（4）喷水法。有时在着色前先喷水，有时在颜色未干时喷水，根据效果需要灵活掌握。通常选用喷射雾状的喷水壶喷水，因为水点过大会破坏画面效果。

（5）撒盐法。撒盐法即在颜色未干时撒上细盐粒，需根据画面的干湿程度撒盐，如果恰到好处，干后会出现雪花般的肌理；过晚撒盐，则画面太干，会失去作用。在画面上不能乱撒盐粒，要撒得疏密有致，干后画面才会呈现一种艺术美感。

（6）拓印法。用自然界中不同物质的肌理效果来表现不同服装质地的方法称为拓印法。它能很好地表现

图2-8　蜡笔法（作者：吴建业）

一些有肌理质感的面料，如牛仔、皮革、呢料、麻布等。具体方法有两种：第一种是运用印章的方式，用木头或石料篆刻出一些肌理，可以采用阴刻、阳刻或者阴阳刻，印在画面上，如图2-9所示；第二种是在玻璃板或光滑塑料面上先画出大体颜色，然后把画纸覆上，像木刻印画一样，印出优美的纹理，该种纹理有的只需局部稍作处理，有的则大部分靠画笔完成。

（7）油渍法。油渍法是利用水与油不易溶这一特性，着色时蘸一点松节油，使平凡的色块增加变化，出现斑斓的油渍效果。也可用油画棒，其画面效果颇具天趣。

图 2-9 拓印法（作者：唐梅）

第三节　水粉时装画表现技法

一、水粉时装画的概念

水粉时装画是使用水调和粉质颜料绘制而成的一种画。当水粉颜料以较多的水分调配时，也会产生一种水彩效果，但无法与水彩时装画相比。遮盖力强的水粉颜料一般不使用过多水分调色，而采用白粉色调节色彩的明度，以及用厚画的方法进行绘制，这与油画的绘制方法有一些相似。因此，水粉时装画是介于水彩时装画与油画之间的一种绘画形式，它的技法体系是吸收了水彩时装画和油画的某些技法而形成的。它可以在画面上产生艳丽、明亮、柔润、浑厚等效果。

二、水粉时装画的特征

水粉时装画主要有以下特征：①颜料含粉性质，覆盖力较强；②容易被水溶解；③具有黏着性的不透明颜料；④颜色干湿之间有明显的差别，即湿时色彩较暗，干后因白粉色浮现在表面，明度比湿时要高，而色彩鲜明度减弱。因此，画面上面的颜料能够紧密盖住下面的颜料。在绘制过程中要掌握色彩干湿变化，因为水粉颜料干后会非常结实，表面会呈现没有光泽的天鹅绒般的效果。绘画者要在实践中逐步掌握这些特点，才能画出预期的效果。

三、绘制水粉时装画的工具、材料

1．水粉笔
水粉笔大致有以下3种：
（1）羊毫笔。以羊毛为毫，吸水性强，蘸色饱满，叠加色彩不易带起底色。
（2）狼毫笔。以狼毛为毫，比羊毫笔硬一点，吸水量适中，弹性比羊毫笔强，笔触效果有塑造感，画起来较流畅。
（3）尼龙笔。以尼龙纤维为毫，弹性很强，吸水性弱，初学者不易掌握。
画笔的质量，一般以含水性好且富有弹性的笔为上等。狼毫笔是比较理想的；羊毫笔毛质太软，笔法柔软无力；尼龙笔含水性差、毛质过硬。在表现不同形体、质感和风格的服装时，应选用合适的画笔以及运用相应的技法，也可以结合自己的喜好以及平时的习惯使用相应的画笔进行绘制。

2．水粉纸
水粉纸是专门用来画水粉时装画的纸，纸张较厚且吸水性适中，表面有圆点形的坑点，圆点凹下去的一面是正面。首选质地较紧、吸水适中、表面纹理稍粗的水粉纸。水粉纸、水彩纸、卡纸都可以用来绘制水粉时装画，可根据个人喜好选择。水粉纸常用的尺寸为4开和8开。

4．水粉颜料
水粉颜料分为管装和罐装，时装画首选管装，使用方便，需要多少挤多少，不浪费，并且方便携带。挤完后要及时盖好，以免干掉。有些颜料用得比较多，例如白色、黑色等，可以选用罐装的，同时需买一把小刮刀用来将颜料挑到调色盒内。优质水粉颜料的特点为膏体细腻，色彩饱和鲜艳，不脏不灰，稠度适中，无结块，无渗胶。水粉颜料一般购买24色以上的。

要想画好水粉时装画，必须掌握各种颜料的特性，了解其受色能力的强弱、覆盖能力的大小、色阶的高低。例如，水粉颜料中稳定的颜色有土黄、土红、赭石、桶黄、中黄、淡黄、橄榄绿、粉绿、群青、钴蓝、湖蓝等；极不稳定的颜色有深红、玫瑰红、青莲、紫罗兰等，容易出现翻色，不易覆盖；透明颜色有柠檬黄、玫瑰红、青莲等。这些颜色的特性需通过不断实践，才能熟练掌握。

5．辅助工具

（1）颜料盒。颜料盒主要用于存放颜料，同时也可作调色板使用。颜色在盒内的排列顺序应由浅到深，相邻的颜色尽可能依次摆放。画完后，要及时处理用画笔蘸颜色时留下的杂色，以免颜料不干净影响下一次绘画。颜料盒每次使用完后应用喷壶往盒内喷少许水，或在颜料盒上方放置一块湿毛巾，避免颜料干裂、结块，保持颜料湿润，方便以后使用。颜料盒盖常作为调色板使用。

（2）小水桶。小水桶用来洗笔，可以选择折叠式小水桶，它便携、轻巧、方便。

（3）吸水毛巾。笔上水分过多时可用吸水毛巾吸取水分，以此控制画面的干湿程度。

（4）工具箱。可以将相关工具材料放在工具箱里面统一管理，以方便使用。调色盒在装有水粉颜料后，放在工具箱里面可以避免颜料盒不平稳导致的颜料溢出、串色等问题。

四、水粉时装画的表现技法要点分析

1．笔法

中国传统绘画的表现技法以笔墨为核心，笔法更具有关键性的作用。国画在用笔的方式上有中锋、侧锋等多种笔法，通过结合运用各种笔法可使作品形式丰富多样。水粉时装画在表现技巧上，可以借鉴中国传统绘画的笔法技巧。笔法中点、线、面等形式因素的有效应用，以及笔法中线的干、湿、粗、细变化，落笔的正侧锋、轻重、快慢、虚实等变化，都可表现各种各样的服装形象与画面效果。至于具体哪种笔法好，怎样用笔才对，应该从实际表现对象出发，灵活运用涂、摆、点、勾、堆、扫等笔法进行描绘。运用笔法描绘对象时，会出现以下技巧方法的弊病，需特别注意：

（1）只着眼于局部。专用小笔画局部细节而失去大体。

（2）缺乏笔法变化。从头到尾只用一种笔法描绘不同形体、质地的人物与服装，使效果非常单调，失去生动性。

（3）用笔不严谨。不能紧密结合形体结构，形体塑造不严谨，缺乏厚重感。

（4）用笔烦琐。用笔无轻重缓急的节奏感。

（5）笔法软弱无力。用笔没有力度，无强弱、虚实的变化，使画面失去神采。

2．色彩的衔接

要将水粉时装画画得色块明确、轮廓清楚比较容易，但要画得衔接自然、柔和就比较难。色彩的衔接要自然、恰当，从明到暗要过渡圆润。色彩的衔接有3种方法。

（1）运用湿画法。水的作用使亮色与暗色、此色与彼色交互渗化，这样会产生自然而柔润的画面效果。如果一遍不行，可以按照此方法再画一遍。

（2）运用过渡色。颜色之间选用中间明度的过渡色进行绘制，虽有笔痕，但远看画面过渡自然。

（3）增加过渡的色阶。两色衔接生硬之处，用其中一色干扫几下，或用蘸少量清水的笔轻扫几下，使两色衔接处在明度或色彩方面增加过渡层次，转折即会自然。

3．着色方法

水粉时装画的颜色覆盖能力较强，但也不能随便乱画，它也有自己的着色方法。

（1）先整体绘制大色块，着眼大片色，后进行局部塑造和细节刻画。它同水彩画、油画的着色方法一样，都是从画大色块入手。

（2）先画面积较大的深色，以确定画面色彩的骨架，再逐步向中间色和明亮色推移绘制，明亮色多采用厚涂法，如采用薄涂法进行绘制，则画面亮度不够。但是，还需根据实际情况灵活掌握。例如，对于以明亮色为主的画面，还是要先涂明亮的大色块，颜色稍薄一点，然后再涂上小面积的深色；对于以中间色为主的画面，可以先涂大色块的中间色，再分别向较小面积的暗色和明亮色画过去。

（3）从薄涂到厚画。薄涂就如同画水彩画，用水稀释水粉颜料，根据色彩感觉薄涂一遍，整体把握色彩关系，然后逐渐加厚，进行局部的塑造和细节的深入刻画。要善于保留正确薄涂的地方，使画面有层次以及厚重的效果。水粉过厚会裂开脱落，厚而不准的颜色可以洗掉重新再画，所以厚涂也要适度，不能过厚。

五、水粉时装画的表现技法

1．干画法和湿画法

水粉时装画的干、湿技法，主要以调色时含水量的多少来区分。颜色干湿变化是水粉颜料的特性之一，干湿结合会增强画面的表现力，这就要求绘画者掌握水粉颜料的干、湿技法。

（1）干画法。先用薄颜色画出基本调子，等第一遍色干之后再进行第二遍着色，层层设色，直至完成最后效果，如图 2-10 所示。干画法一般是用厚涂重叠的方法，水少粉多，调色时不加水或少加水，把颜料调成糊状，先深后浅，一遍遍地覆盖和深入，越画越细，越画越充分，同时，不断调入白粉提亮画面。干画法下笔准确肯定，适合表现质感厚重的服装和表现主体的亮部及进行精彩的细节刻画。干画法的色彩变化小，宜于掌握，但过多地采用干画法或者使用技巧不当，则会出现画面干裂、枯燥和呆板的问题。

（2）湿画法。使用湿画法绘制画作时先将纸张浸湿，在纸面还潮湿的时候绘制。一般在第一遍颜色稍微收水的时候画第二遍，直至最后完成，如图 2-11 所示。湿画法是以薄画为主，充分发挥水色渗化的作用，具有水彩画效果，能表现浑然一体和痛快淋漓的意趣。湿画法适合表现具有厚重感的毛皮类服装，也可表现具有飘逸感的丝绸类服装。

干画法与湿画法不以粉多粉少、厚与薄来界定，因此，可以说有粉多或粉少的干画法，也有粉多或粉少的湿画法。无论是干画法还是湿画法，只要水粉使用得当即可。此外，干画法和湿画法在操作中还常结合使用，使画面更加生动，如图 2-12 所示。

2．厚画法与薄画法

在颜料中添加不同含量的水分能使颜色产生厚薄变化，厚薄变化又会接着产生明度变化。水分多颜料少即会产生似水彩那样的湿画渗化效果，这就是水粉时装画中的薄画法。相反，就是水粉时装画中的厚画法。

（1）厚画法。厚画法即少用水分，并用较多的颜料和白色来提高颜色的厚度和明度，如图 2-13 所示。厚画法一般表现较厚、较硬、表面有纹理的厚质面料，如呢料、牛仔、棉麻等。但水粉时装画的厚画法不像油画那样能将很厚的颜色牢固地附着在画纸上，所以如果不断堆积加厚颜色去画，会出现死板、干裂和颜色脱落，使画面受损的情况。

图 2-10　干画法（作者：潘欣欣）

图 2-11　湿画法（作者：姚少玲）

图 2-12　干画法和湿画法结合（作者：潘欣欣）

图 2-13 厚画法（作者：邓舟）

（2）薄画法。薄画法水分较多，颜色薄，如图2-14所示。薄画法因为含水较多，遮盖力较弱，以及粉质因素，所以常用于第一次铺色，绘制次要部位、阴影部分以及远景等，它可使色彩柔和含蓄。

运用薄画法绘制时，应从薄到厚进行着色，先薄画，逐步减少用水厚画，其因干湿变化不明显，所以较易掌握。薄画法不适合先厚画再薄涂，因为这样干湿变化大。薄画法在修改画面时也适合厚涂，修改时在颜色周围涂一点清水，修改的部分干后就会自然统一。水粉时装画表现一般以厚画法为主，因为厚画法最能体现其特点。

图2-14　薄画法（作者：武宵欣）

3．晕染法

晕染法又称渲染法，与水彩时装画里面的渲染法一样，是借鉴中国工笔画渲染、推移的表现技法，如图 2-15 所示。应用在水粉时装画中，晕染法可表现服装丰富的变化层次，营造出自然的韵律美感，形成独特的风格。渲染法的关键是同时使用两支笔进行绘制，一支蘸颜色沿着线条的一侧上色，待其未干时用另一支笔蘸清水把颜色化开，形成由浓到淡的色彩明度推移，以表现物象的明暗。

图 2-15　晕染法（作者：刘亚全）

4．并置法和重置法

（1）并置法。并置法指笔触在画纸上并列摆置，开始时用色要偏厚一些，上色遍数不要太多。添色时用并置的方法把颜色摆上去，压出色线。

（2）重置法。重置法是一种叠色的方法，以色点、色线、色块进行重叠着色。

绘制时，大都是并置法与重置法结合运用，以充分地表现对象，如图 2-16 所示。

5．刮刀法

刮刀法是从油画中借鉴过来的，为水粉时装画表现增添了一种特殊技法。可以选用各种形状、大小的刮刀，如尖头、方头、圆头等。通过刮刀变动技巧，使画笔下的色彩更为鲜亮和坚硬有力。也可以在未干的底色上，用刮刀的正侧面通过不同的力度和速度，刮出各种线、面来表现不同的部分。还可以用刮刀蘸上颜色，在色彩表面上抹一层，产生枯笔画出的笔触效果。刮刀法非常适合表现质地粗糙的形体，但在表现具体、细致的部位时较为困难，不如画笔那样随意自如。刮刀法适用于颜料多的厚画法，不适用于含水较多的薄画法，这也是刮刀法的局限性。刮刀一般与画笔结合使用，才可以绘制出完整的画面，如图 2-17 所示。

图 2-16　并置法和重置法结合（作者：丁琳）

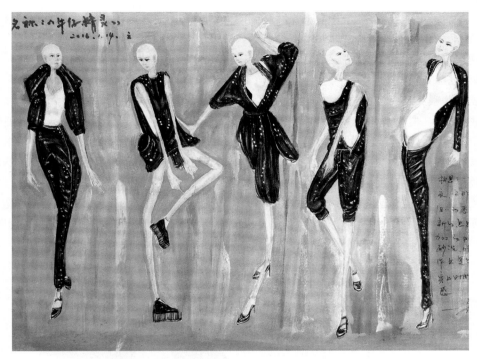

图 2-17　刮刀法（作者：齐明云）

6. 笔触法

用笔触法绘制的画作水分很少，颜料多而干。笔触法是运用笔的痕迹变化来表现服装的层次，使画面具有一种痕迹美，如图 2-18 所示。从深色处向明亮部位运笔，随着笔与纸的摩擦，在运笔结束时，会产生笔触肌理以及灰白效果，自然也就产生了明暗关系。此法适合基本功扎实的绘画者运用。在画之前要充分酝酿，下笔时才能做到胸中有数，以最快的速度完成服装的着色过程。笔触法有如下关键点：①运笔的方向要按照服装的衣纹、衣褶方向的变化而变化；②在服装的部分外边缘处适当地留出空白，能使服装更加灵动，更有立体感。笔触法非常费颜料，适合表现表面有粗犷肌理或者破旧效果的面料。

7. 平涂法

利用水粉覆盖力强、粉质细腻等特点，以服装或人物固有色为主，按照其结构进行平涂颜色的方法称为平涂法。平涂法可以厚画，也可以薄涂；可以局部平涂，也可以整体平涂，如图 2-19 所示。绘制完成后，画面具有静态的凝重美和均匀美，产生一种均匀的形式美感，具有很强的装饰效果。对于平涂后画面过于平整、呆板、缺乏变化的问题，可以采用在色块和色块之间进行变化的方式解决，还可以通过留白活跃气氛，打破呆板。留白位置可在高光、反光、两个

图 2-18　笔触法（作者：刘亚全）

层次之间、大面积相同颜色处。有绘制图案基础的人适合采用此法。平涂法适合表现褶皱不多、平整服帖的面料，如牛仔、卡其布、呢料、皮革等，以及繁复的服饰图案。其缺点是呆板、变化少，不适合表现轻、薄、透、飘逸的服装。

8．喷洒法

喷洒法分为喷绘法和洒色法两种。

（1）喷绘法。喷绘法是使用喷笔等喷绘工具，运用气压挤压喷头上的颜色，喷出细腻、均匀的色彩。其适合表现写实风格的时装画。还可以利用刷子等工具达到类似的处理效果。采用遮挡方法，可以喷出清晰的边缘。还可以结合勾线处理，使画面造型生动。一般是先画好整体的明暗关系后，再用喷绘法刻画面料质感以及细节，如图 2-20 所示。

（2）洒色法。洒色法是将色彩洒在画面上的一种方法。具体是运用毛笔、海绵等工具敷上颜色，洒在画面所需之处，达到一种肌理效果，如图 2-21 所示。表现面料的肌理质感，可以采用此法。

图 2-19　平涂法（作者：刘亚全）

图 2-20　喷绘法（学生作品，导师：刘亚全）

图 2-21　洒色法（作者：胡小梅）

第四节　彩铅时装画表现技法

彩铅与马克笔结合
作品欣赏

一、彩铅的分类

　　彩铅是一种半透明材料，本身的制造比由石墨和黏土按照不同比例混合而成的素描铅笔有很大的不同。国产的彩铅大多数是腊基质的，不容易形成细腻的风格和锋利的边界，但是在制造特殊效果的时候有妙用，是一种辅材。国外的彩铅多为碳基质的，有的具有水溶性，但是水溶性的彩铅一般很难绘制出平润的色层，多有色斑。

　　绘制彩铅时装画一般选择水溶性彩铅，其颜色较鲜亮，比较容易绘制局部细节或者进行深入刻画。彩铅也需至少购买 24 种颜色的。

二、彩铅的风格特点与水溶性能

1. 风格特点

　　携带方便，色彩丰富，绘制快捷，干净整洁。既可刻画入微，又可简略概括。它表现时装画有两种风格：①写实风格。把人与服装绘制得很有立体感，具有类似素描的效果，如图 2-22 所示。②装饰风格。能够表现服装的风格韵味，突出画面的夸张、装饰效果。

2. 水溶性能

　　由于绘制彩铅时装画主要选用水溶性彩铅，接下来主要对水溶性彩铅的性能进行介绍。水溶性彩铅能画出铅笔一样的效果。使用水溶性彩铅绘制的画作可以用含水的毛笔将颜色溶解，创造出水彩一样的效果。绘制方法具体有以下四种：①先用水溶性彩铅画好后，再用毛笔加水处理成水彩画；②用水溶性彩铅绘制好后，使用喷雾器喷水产生水彩效果；③先在画纸上涂一层水，然后在上面用水溶性彩铅绘制；④用水溶性彩铅直接蘸水进行绘制，颜色在画纸上会溶化，形成独特的风格。使用水溶性彩铅进行绘制时一般都是先画好后再蘸水绘

图 2-22　写实风格（作者：吴建业）

制，除了用清水之外，用肥皂水以及松香水也会产生很好的画面效果。

三、画纸的选择与裱纸方法

1．画纸的选择

彩铅在因肌理产生阻力的纸上进行摩擦才能产生颜色，为了达到不同的效果，可以使用不同肌理的纸张。因此，忌选用表面非常光滑的画纸。蜡基质的彩铅可以用素描纸，水溶性彩铅可以用水彩纸，还可以用专门为水溶性彩铅做的绘画本，具体应根据需要表现的效果进行选择。

2．裱纸方法

水溶性彩铅与水结合使用，一般要裱纸，这样纸才不会起皱。裱纸方法与步骤如下：

（1）将纸平放在画板上。

（2）洒上水将纸打湿，水多一些也没关系。

（3）准备好水胶带。如果没有可以将报纸或其他纸裁出四个长条，宽约 1 厘米，长需分别大于画纸四边长，分别涂上胶水。

（4）将纸的四边粘在木板上，不要有气泡，要密封好，干后即可使用。裱纸后画得再湿，纸也不会起皱。

四、彩铅的笔触方法

1．心法

运用彩铅进行绘制时要有耐心，切忌心浮气躁，排线时要一步步去画，才能绘制出细腻的感觉，并形成色块，表现出画面稳定和耐看的效果。

2．排线方法

彩铅的排线方法与铅笔极为相似，所以可以借鉴以铅笔为主要工具的素描排线方法来塑造形体。线与线之间可以是平行或交叉，一般不采用 90° 交叉，二者也可以混合使用。

3．橡皮擦的选用

可以用橡皮擦修改线条，因彩铅线条很难用普通的橡皮擦除去，所以可以选用沙橡皮，用来修改深色线条。还可以利用德国辉柏嘉超净橡皮擦和德国施德楼橡皮擦，作细微修改之用。根据不同的修改需要，也可以选择其他橡皮擦。

4．笔与纸的角度

一般画轮廓的时候，画出来的线条要求硬、细，当笔与纸的夹角大约为 90° 时，可以达到该要求，该角度同样也适合画面中小面积的涂色。如果涂色面需大些，线条也需较粗、松软，绘制时可以把笔倾斜，笔杆与画面的夹角大约为 45°，笔尖与纸接触面积大，涂出的面积大，画出的线条也就粗了。

5．笔触运用方法

彩铅有其特有的笔触，用笔轻快，线条感强，可徒手绘制，也可靠尺排线。由于彩铅是有一定笔触的，在绘制时，排线或平涂要有方向、有规律、有轻重、有虚实、有粗细、有美感。排线方向主要是顺着人体结构以及服装的结构方向，也可以适当地绘制其他方向的线条，但整体上所排出的线应与上述结构方向基本保持一致，这样就会显得有规律而不会杂乱无章。排线的粗细与运笔也有关系，需要粗的时候用笔尖磨出的楞面来画，需要细的时候用笔尖的楞来画，这样粗细变化就可以掌握自如。当然笔触还可以有更多的表现方式，要根据画面需要选择最适合的笔触。

6．着色顺序

因为彩铅是半透明材料，所以应按照先浅色后深色的顺序绘制，不可急进，否则容易深色上翻，缺乏深度。具体应首先选择一支浅色的彩铅勾画初稿。根据人物的皮肤色、服饰色等，可从局部入手或者从整体入手层层叠加进行着色。在着色的过程中，可全部用水溶性彩铅绘制水彩效果或采取局部水溶的方法表现，或者在干或湿的时候反复绘制，根据色彩的搭配以及色彩的冷暖关系，直至画出效果理想为止。最后几次着色的时候，需把颜料颗粒用力压入纸面，直至颜色混合且表面光滑为止。

7．叠色和混色

叠色是用排线的方式同时结合几种彩铅颜色，进行交互重叠绘制；混色是运用多色、多变的笔触绘制出多层次的效果。叠色和混色都可以组合出无数种色彩，但需在色调统一的基础上进行变化。这两种技法由于笔触细腻，十分适合人物面部的刻画和表现化妆效果。但彩铅色彩重度不足，在绘制时很容易发灰，不适宜表现十分浓重的色彩，即三大面的亮面、灰面、暗面对比不强烈。因此，需加强对比，将暗面的深色加深，亮面的颜色尽量画淡。绘制时，切忌一支笔画到底与大面积使用单色，以避免色彩过于单调、呆板、平淡。

五、彩铅时装画的表现技法

1．平涂排线法

运用彩铅均匀排列出线条使色彩一致的技法即平涂排线法。它能够表现出服装的风格韵味，突出画面的装饰效果，如图 2-23 所示。

2．叠彩法

叠彩法即指运用彩铅排列出不同色彩的线条的技法。因色彩层层叠加，故其变化较丰富，如图 2-24 所示。叠彩法适宜刻画人物面部或者绘制五颜六色的服装。

3．水溶退晕法

利用水溶性彩铅溶于水的特点，将彩铅线条与水融合，达到水彩一样的退晕效果的技法称为水溶退晕法，如图 2-25 所示。此法一般是先用水溶性彩铅画好后再蘸水绘制，也可以蘸肥皂水或者松香水进行绘制。

4．明暗调子法

明暗调子法借鉴以铅笔为主要工具，结合素描五大调子的绘制方法，以排线形式来塑造形体，把人与服装绘制出很强的立体感，如图 2-26 和图 2-27 所示，具有类似素描的写实风格。

6．结合法

（1）彩铅与水、毛笔相结合。运用水进行色彩退晕，绘制出水彩画的效果。

（2）彩铅和水粉、水彩结合使用，效果如图 2-28 和图 2-29 所示。一般是先用水粉、水彩颜料铺大色调，再用彩铅深入刻画细节。

（3）彩铅与马克笔结合使用，效果如图 2-30 和图 2-31 所示。具体方法为先用马克笔铺画面大色调，再以彩铅运用叠彩法深入刻画细节。

图 2-23　平涂排线法（作者：徐娜）

图 2-24 叠彩法（作者：潘欣欣）

图 2-25　水溶退晕法（作者：叶爱丽）

图 2-26　明暗调子法 1（作者：丁琳）

图 2-27 明暗调子法 2（作者：隋阳）

图 2-28　彩铅与水彩结合（作者：汪丹丹）

图 2-29　彩铅与水粉结合（作者：严方坊）

图 2-30　彩铅与马克笔结合 1（作者：张悦）

图 2-31　彩铅与马克笔结合 2（作者：李佳欣）

　　（4）彩铅和美工笔、钢笔、水笔、圆珠笔、针管笔、勾线笔结合使用，效果如图2-32～图2-35所示。具体方法有以下两种：①先用铅笔画出大概的服装造型，再用钢笔、圆珠笔等勾画出精准的线条，最后用彩铅技法上色；②先用铅笔画出大概的服装造型，再用彩铅技法上色，最后用钢笔、圆珠笔等勾画出精准的线条。

图2-32　彩铅与圆珠笔结合（作者：徐娜）

图 2-33　彩铅与美工笔结合（作者：闵连）

图 2-34　彩铅与针管笔结合（学生作品　导师：刘亚全）

图 2-35 彩铅与钢笔结合（作者：吴秀君）

第五节　马克笔时装画表现技法

一、马克笔的概念与特点

马克笔是服装手绘表现中最常用的工具。马克笔是快干性的着色工具，方便绘制均匀的有色线条，画面呈现精练而洒脱的特征并充满现代艺术气息。

马克笔携带方便、使用方便、着色简便、成图迅速、干净透明、笔触清晰、种类繁多、色彩丰富、表现力强、极易与其他工具结合使用，同时，常用不同色阶的灰色系列马克笔作色彩搭配。马克笔适合表现充满动感活力的服装，例如运动装、休闲装等。

二、马克笔的分类

1．按墨水性质分类

（1）油性马克笔。油性马克笔的墨水含有油精成分，较易挥发，故较刺鼻。油性马克笔快干、耐水以及耐光性好，绘制时，多次叠加颜色都不会损伤纸面，对比较柔和。

（2）水性马克笔。水性马克笔颜色亮丽而有透明感，多次叠加颜色后会变灰，而且易损伤纸面。用蘸水的马克笔进行绘制时，会有类似水彩的效果出现。

2．按笔尖形状分类

（1）圆头型。圆头型又称细头型，适合绘制细线条或者进行小面积的绘制。

（2）平口型。笔头方而宽，适合大面积上色时使用。

（3）斜方型。笔头是斜向的扁方型，适合小面积上色时使用。

（4）斜尖型。又名方尖型，笔头是斜向的扁圆型，一头是锋利的尖头，像刀，适合勾画边线等细节。

马克笔的笔尖形状一般分为以上四种类型。绘制表现时，可以通过灵活转换角度和倾斜度画出粗细不同的线条和笔触。

3．按品牌分类

（1）国外品牌：美国 AD（油性、发泡型笔头）、美国三福（油性、发泡型笔头）、美国犀牛（油性、发泡型笔头）、韩国 TOUCH（酒精性、纤维型笔头）、德国 IMARK（酒精性、纤维型笔头）、日本 COPIC（酒精性、纤维型笔头）。

（2）国内品牌：金万年（高密度纤维笔头）、凡迪（价格较低，适合初学者使用）、尊爵（质量、表现都是最佳）、法卡勒（价格合理，效果很好）、天鹅（笔触易着大面积区域）、国产 TOUCHTHREE/TOUCHFOUR（三代、四代）、三福（双头）、宝克（双头）。

三、马克笔时装画的画纸选用

马克笔时装画对于画纸的选用有很严格的要求，忌选用吸水性很强的纸，因为其容易导致画出的色彩渗出，从而形成混浊状，还忌选用表面非常粗犷的纸，因为其会失去马克笔透明和干净的特点。应选择吸水性不强并且表面较光滑的纸，比如马克笔专用纸、布纹纸、卡纸、水彩纸等硬质纸，甚至可以选择质量较好的复印纸、有色纸。

四、马克笔时装画的表现技法要点分析

（1）绘制时间控制。笔尖与纸面接触时，需控制绘制时间，绘制时间过长颜色会渗开。

（2）色彩衔接。运笔时要一气呵成，在第一笔没有完全干时画第二笔，而且要准确、快速，这样绘制出的颜色会互相融合，比较均匀平整。如果需要清晰的笔触效果，可以在第一遍颜色干透后，再进行第二遍上色。在运笔过程中，用笔的遍数不宜过多，因为过多会失去马克笔透明和干净的特点。

（3）明暗关系处理。①用同色系深一些的颜色绘制，明暗对比强烈的画作常用此法。②如若画作明暗对比不强，则常用同一种颜色在同一个位置反复交叠的方法进行绘制，此法可产生柔和的明暗变化。但重叠的次数不能太多，最多5次左右，过多会使画面脏掉以及纸面会起毛起球，影响画面效果。③先用冷灰色或暖灰色的马克笔将图中基本的明暗调子绘制出来，再选用人物或服装固有色绘制，切记不要使用太多艳丽的颜色，否则画面容易花。

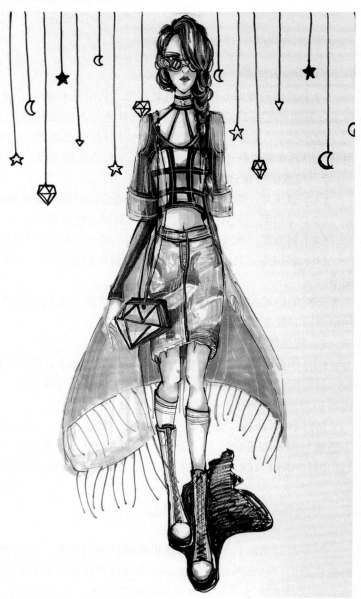

（4）笔触的运用。马克笔笔触大多以排线为主，绘制时一般笔触与人体结构以及服装的结构方向基本保持一致。有规律地组织线条的方向和疏密，让笔触产生秩序美感，有利于形成统一的画面风格。这也是马克笔材质独有的特色。也可运用排笔、点笔、跳笔、晕化、留白等方法，需要灵活使用。

（5）先浅后深。因为马克笔没有较强的覆盖力，淡色没有办法覆盖深色，所以，在绘制时，需先上浅色而后用较深的颜色进行覆盖。注意色彩之间要相互协调，忌用过于鲜亮的色彩，以中性色调为宜。

五、马克笔时装画的表现技法

1．单纯地运用马克笔

按照明暗处理方法并用排线方式上色。绘制时，先浅后深，要有规律地组织线条的方向和疏密，让笔触产生秩序美感，形成统一画面，如图2-36和图2-37所示。

2．结合法

单纯地运用马克笔虽然可以绘制出效果好的时装画，但马克笔也可以与其他工具结合使用，并利用它们各自的长处，扬长避短。

图2-36　单纯地运用马克笔1（作者：李佳欣）

图 2-37　单纯地运用马克笔 2（作者：李佳欣）

（1）马克笔与针管笔、美工笔、圆珠笔、钢笔、水笔等相结合。先用铅笔起稿，再用钢笔勾画出精准的线条，勾线要准确而自然，等线条干了，再用马克笔上色，如图 2-38 所示。也可以用相反的步骤绘制。上色时，需大胆进行绘制，因为大气才有张力。上的色可以是实际的颜色，也可以是夸张的色彩，用装饰风格的颜色突出主题，使画面有冲击力。

（2）马克笔与彩铅、水粉或水彩相结合。马克笔没有绘制颜色的地方可以用彩铅、水粉或水彩补充，进行细节的深入刻画，以增加层次和立体感，如图 2-39 ～图 2-42 所示。也可以用彩铅、水粉或水彩做大面积的色块，再用马克笔刻画细节，以扬长避短，相得益彰。

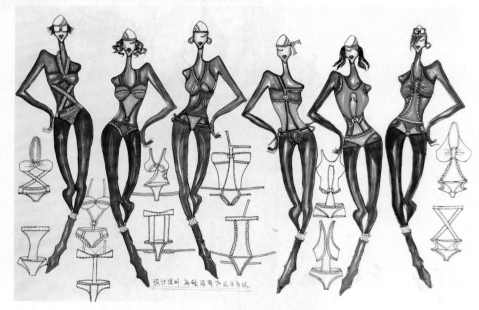

图 2-38　马克笔与圆珠笔结合（学生作品，导师：刘亚全）

图 2-39　马克笔与彩铅结合（作者：李佳欣）

图 2-40　马克笔与水彩结合 1（作者：罗倩）

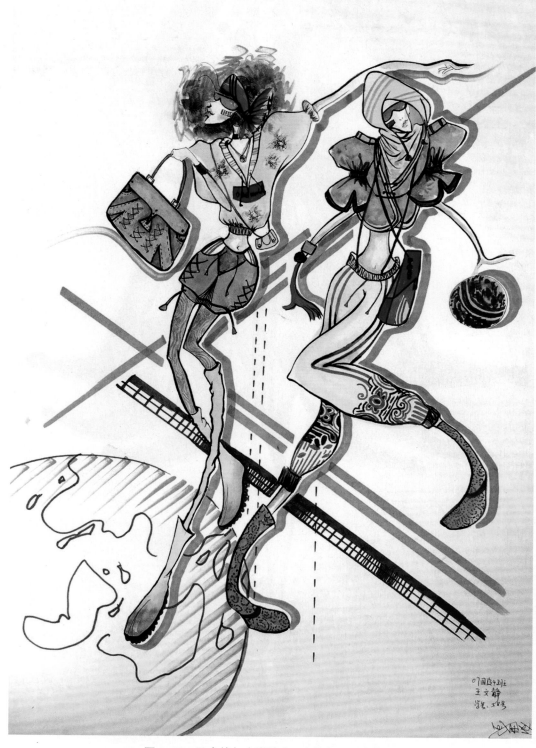

图 2-41　马克笔与水彩结合 2（作者：王文静）

图 2-42　马克笔与水粉结合（作者：王文静）

（3）马克笔与其他工具相结合。要画出色彩渐变的退晕效果，可以采用无色的马克笔作退晕处理。马克笔的色彩可以用橡皮擦、刮刀等做出各种特殊的效果。有时用酒精调和，画面也会出现神奇的效果。绘画者应有创新性思维，不断探索各种结合方式。

第六节　特殊技法与综合技法

一、特殊技法

1．有色纸技法

有色纸的颜色可以当作时装画背景运用。也可以把纸的颜色作为服装的颜色，画好了线描稿不用上色，只需绘制服装的暗面与亮面就可以，如图2-43所示。有色纸技法还可以运用在画面装饰方面。

2．拼贴法

拼贴，是指将纸张、布片或其他材料贴在一个二维的平面上，并打破二维平面的局限，制造出空间虚实视觉效果的绘画技法。不论是只言片语、残缺图片、大量制作的广告印刷品、报纸杂志上的黑白或彩色照片，只要动手剪贴，都可以成为很好的材料。拼贴的手法多元，是一种较随性，可以不具任何意义的创作方法。拼贴的材料也几乎是没有限制的，只要是找得到的东西都可以作为材料，如图2-44所示。

3．色粉笔技法

色粉笔技法一般先用碳条画出线描稿，再用色粉笔直接涂在画上，接着利用手纸、餐巾纸涂抹，产生柔细的渲染效果，然后再用纸笔或者手指擦出细节，如图2-45所示。完成后需要喷上定画液，以免色粉脱落。

图2-43　有色纸技法（作者：江兰）

图 2-44　拼贴法（学生作品，导师：刘亚全）

图 2-45　色粉笔技法（作者：矢岛功）

4. 撇丝法

　　撇丝法是国画、染织图案常用的一种技法，也可应用于时装画中。具体方法为将笔锋散开，形成间隔、长短、粗细等不规则的排线，或者用勾线笔模仿出这种效果的线。此技法可以表现皮草、毛领、呢料等带毛类的面料，如图 2-46 所示。

图 2-46　撇丝法（作者：叶爱丽）

5. 折皱法

折皱法是先将画纸揉搓成一团，折成皱，打开后再敷上色，从而产生一种肌理效果的绘画技法。此技法可以用于表现特殊的面料以及制作背景。

二、综合技法

为了表现一些特殊的服装效果，可以将水彩技法、水粉技法、彩铅技法、马克笔技法、背景处理方法、服装设计软件、各种工具等进行综合运用，以丰富时装画的表现形式。综合运用熟练后，自然而然就会融会贯通，也就提升到"没有方法之法"的境界，这也就是"无法之法，乃为至法"的综合技法，如图 2-47 ～ 图 2-50 所示。

虽然技术手段是有限的，但创造精神是无限的。只要能够表现出创意和艺术感染力，任何方法都可以进行尝试。

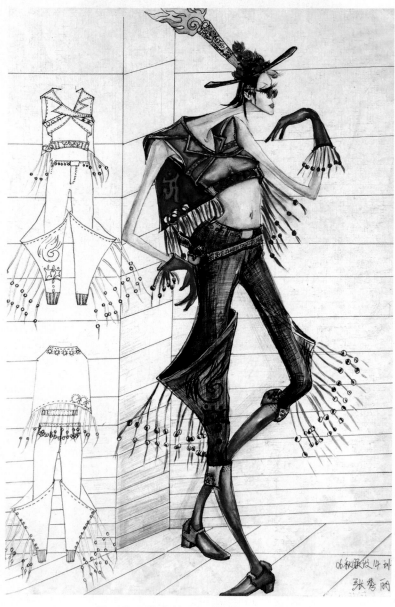

图 2-47　综合技法 1（作者：张秀丽）

图 2-48　综合技法 2（作者：杨宏江）

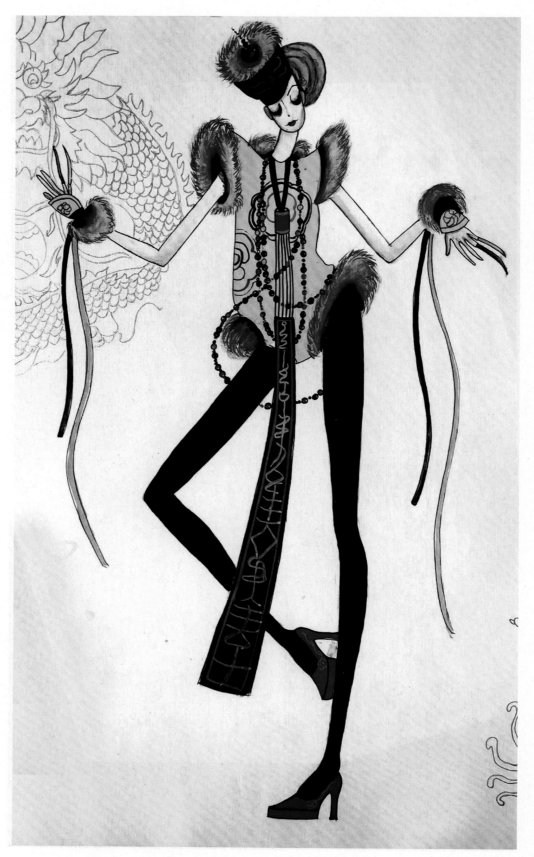

图 2-49　综合技法 3（作者：李婷）

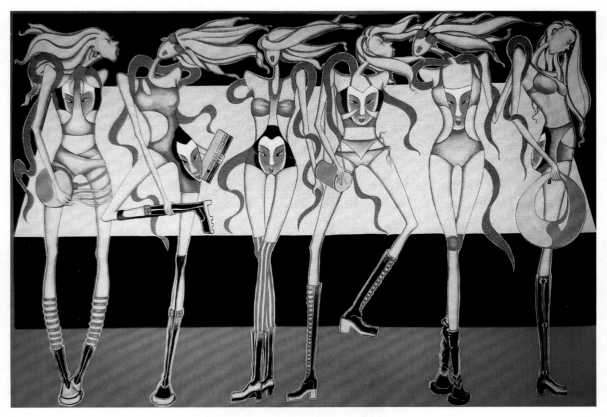

图 2-50   综合技法 4（作者：刘亚全）

第七节   各种织物的表现技法

不同面料服装绘画
作品展示

　　织物的表现是一项综合性的工作。常用或粗、或细、或巧、或拙的轮廓线，或齐、或糙的笔触，以及丰富多彩的表面纹理来绘制服装。绘制时，首先要观察与总结织物面料的特点，根据其特点选用相适合的表现技法进行绘制。面料的质感非常重要，表现不当，会破坏服装整体效果。一定要在把握整体的基础上，再深入刻画细节。

一、轻薄面料的表现技法

　　轻薄面料通常指具有柔软、飘逸、顺滑、薄透、易产生碎褶以及易变形等特点的面料，如丝绸、乔其纱和雪纺等。绘制时，用线可以轻松、自然，宜使用较细且平滑的线，不宜使用粗且阔的线。色彩需能透出底色，以突出服装轻、薄、透的特点。轻薄面料的表现技法具体分为以下3 种形式。

1．不透明面料

　　不透明面料使人无法看到衣服里面的内容，但能较清晰地显示衣服里面的结构与凹凸变化。在绘制表现时，可选用淡彩法、薄画法或渲染法直接将衣服颜色画出来，同时需把衣服里面的结构与凹凸变化也表现出来，如图 2-51 ～图 2-54 所示。

图 2-51　不透明的轻薄面料 1（学生作品，导师：刘亚全）

图 2-52　不透明的轻薄面料 2（作者：毛金璐）

图 2-53　不透明的轻薄面料 3（作者：孟哲）

图 2-54   不透明的轻薄面料 4（作者：刘亮明）

2．半透明面料

半透明面料能使人模糊地看到衣服里面的结构与凹凸变化，但看不清楚，因此，在绘制时，应先把衣服里面的内容画完，但对比要弱，以表现出模糊的感觉。再将薄面料的颜色画上，如图2-55所示。需注意颜色的面积既不能太大也不能太小，太大就不透明，太小则成为完全透明。

3．完全透明面料

完全透明面料能使人清楚地看到衣服里面的结构与凹凸变化，因此，可以先将衣服里面的内容清晰地绘制出来，再画出薄面料，颜色要少而薄，以产生完全透明的效果，如图2-56所示。在绘制表现完全透明面料时，适宜用淡彩法、薄画法、喷绘法以及渲染法等。

二、厚重面料的表现技法

厚重的服装面料是指较硬、体积较重的厚型面料。该种面料手感丰满，表面有毛茸感，如秋冬季服装常用的毛、呢、绒类等面料。绘制时，用覆盖力强的厚颜料层就会有扎实厚重的质感，可以用水粉颜料不断地叠加，表现厚实的效果，如图2-57～图2-59所示。

图2-55　半透明的轻薄面料（作者：周珍珍）

厚重面料在绘制表现时，与轻薄面料的表现有截然不同之处，宜采用粗犷、挺括的线条。厚重面料适合用厚画法、平涂法、笔触法、干画法、叠加法等进行表现。

三、牛仔面料的表现技法

牛仔面料以梭织为主，经线先染成深蓝色，后来又有了酱色、黑色等颜色。牛仔服多以成衣染整为主，少量是对面料整理后再进行制衣。成衣后整理主要分两类，即物理方法整理和化学方法整理，前者如打磨、喷砂等，后者如普洗、石洗／石磨、砂洗、破坏洗等。随着科技的进步以及环保要求，无水牛仔服后整理加工成为未来发展的方向。

图 2-56　完全透明的轻薄面料（作者：刘亚全）

图 2-57　厚重面料 1（作者：张玲）

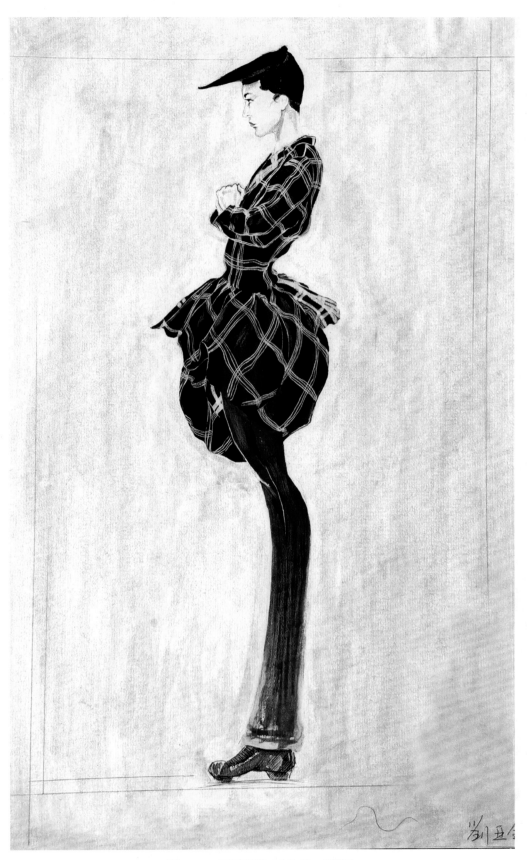

图 2-58　厚重面料 2（作者：夏静）

图 2-59　厚重面料 3（作者：张悦）

牛仔面料的具体特点如下所述：

（1）颜色。以靛蓝色为主，还有酱色、黑色、黄色、白色等。

（2）线迹。因为面料较厚，缝制后线迹较明显。线迹有单双、粗细之分。

（3）金属配件。包括金属拉链、金属扣、金属项链、别针等。

（4）肌理。牛仔面料的纱线较粗，因此，面料表面有粗犷肌理。

（5）做旧。通过打磨、喷砂、石磨、砂洗、破坏洗等后整理形成做旧效果。

在表现牛仔服装时，先画出服装的整体明暗（牛仔面料的明暗是随着整体明暗的变化而变化的），之后再将牛仔面料的上述特点表现出来，重点是深入刻画牛仔面料表面的肌理，如图 2-60 ~ 图 2-63 所示。牛仔面宜采用粗犷的线条，适合用厚画法、笔触法、干画法、叠加法等进行绘制。

图 2-60　牛仔面料 1（作者：汪丹丹）

四、针织面料的表现技法

针织面料是由各种大小和形状的线圈编结而成的面料。针织面料柔软，穿着舒适，织物组织结构纹路自成体系，例如手编的桃花、抽纱、勾花组织以及机器编制的经编、纬编组织等。

针织面料的特点：结构疏松、手感柔软、富有弹性。

在绘制针织面料服装时，应先画出服装的整体明暗，随后绘制出针织面料的上述具体特点，重点画出针织面料的组织结构纹路，如图 2-64 ~ 图 2-66 所示。如果针织面料上有图案，就需在图案边缘处绘制出锯齿状造型，以产生针织面料的质感。针织面料适合用干画法、叠加法、肌理法等进行绘制。根据实际情况，要灵活地应用各种技法合理地表现。

图 2-61 牛仔面料 2（作者：章亮）

图 2-62　牛仔面料 3（作者：丛静）

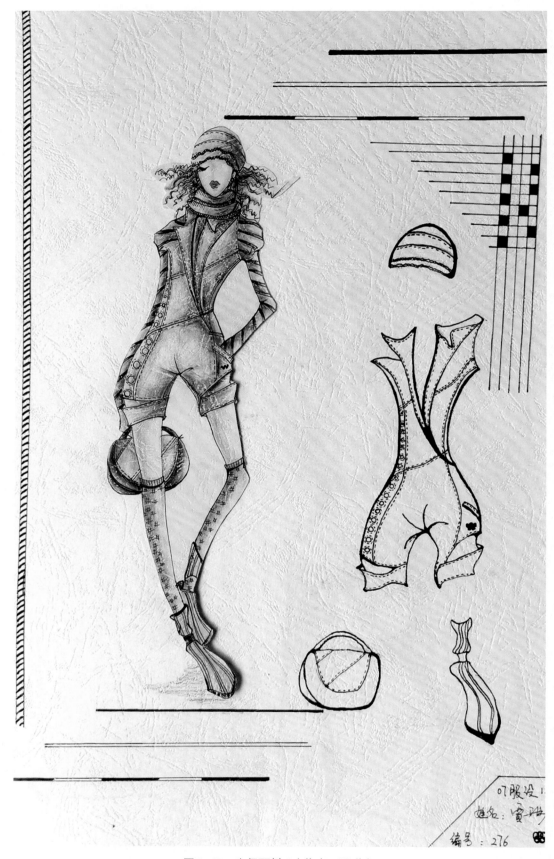

图 2-63　牛仔面料 4（作者：贾琳）

图 2-64　针织面料 1（作者：赵微）

图 2-65　针织面料 2（作者：刘亚全）

图 2-66　针织面料 3（作者：丛静）

四、皮草面料的表现技法

天然裘皮又称皮革，是珍贵的服装材料，其良好的御寒作用和华丽的外观为服装设计师提供了广阔的创作空间。

皮草面料的具体特点如下所述：

（1）绒毛分为真绒毛与假绒毛两种。

（2）绒毛有长短疏密之分，可以分为长疏绒毛、长密绒毛、短疏绒毛、短密绒毛。

（3）柔软，具有弹性，毛顺，外观效果有蓬松、毛茸的特点。

根据皮草面料的特点，在表现时，适合用撇丝法模仿绒毛，将笔锋散开，形成间隔、长短、粗细等不规则的排线。撇丝法一般在铺好大色调的基础上运用，根据不同部位的需要，可以选择整齐撇丝法或散乱撇丝法进行表现，如图2-67~图2-69所示。撇丝法用毛笔调好颜色，水分要恰到好处，不能太多，否则不能形成绒毛效果。撇丝法适合绘制短密绒毛，在某些细节处以及绘制长疏绒毛时可以用勾线笔模仿撇丝效果。

图 2-67　皮草面料 1（作者：汪丹丹）

六、图案面料的表现技法

图案面料是指具有各种形式纹样的面料。图案按照构成形式可分为以下几类：

（1）清地图案。面料中的纹样占据的面积小，而底色的面积较大的图案称为清地图案。

（2）混地图案。面料中纹样面积与底色面积大致相等，这类图案称为混地图案。

（3）满地图案。面料中纹样所占的面积远远大于，或者完全占掉底色的面积，这种类型的图案称为满地图案。

（4）特殊材料图案。对于一些特殊材料图案，必须寻求相应的表现方法，这些形式的图案包括刺绣图案、手绘图案、扎蜡染图案等。

图 2-68   皮草面料 2（作者：葛阳智）

图 2-69　皮草面料 3（作者：刘亚全）

　　在表现图案面料时，图案是时装画整体的一部分，其表现技法应与时装画的整体风格相协调。
面料的纹样是按一定的规律进行排列的，较为复杂，会使设计师在表现时装画面料时遇到操作烦
琐和难以控制总体效果的困难。解决这个问题的方法是根据不同的类型或不同的风格，将分布在
时装主要部位的面料图案详细深入刻画，其他部位的图案则可作简单、省略处理，如图 2-70 ～
图 2-72 所示。

图 2-70　图案面料 1（作者：隋阳）

图 2-71　图案面料 2（作者：刘亚全）

06秋服饮2
刘界红

图 2-72 图案面料 3（作者：刘界红）

第三章
时装画的构图形式与
背景处理方法

第一节　时装画的构图形式

一、构图的概念与意义

1．构图的概念

构图的名称来源于西方美术。在西方绘画中有一门课程叫作"构图学"。在我国国画画论中叫"布局"或"经营位置"，在摄影艺术中它称为"取景"，在时装画中它称为"构图"。

构图是指将不同造型的图像在不同大小的纸张上进行合理摆放，产生美观效果的结构配置方法。

时装画是一种"艺术性＋实用性"的构图形式，以基本的服装效果图、款式图以及设计说明等为基础，在这样的一个大框架下，根据不同的设计方向，充分地发挥绘画者的个人悟性和创造力，营造出更为新颖和有感染力的构图形式。构图是否合理也是评价时装画成败的关键之一。

构图内涵丰富，包括以下六个方面：

（1）人物位置。

（2）空间大小。

（3）各部分之间、主体与配体之间的组合关系以及分隔形式。

（4）服装与空间的组合关系及分隔形式。

（5）服装所产生的视觉冲击力和美感。

（6）运用的形式美法则产生的美感。

构图显示了作品内容与外在形式的一致性，反映了设计师的设计思维与艺术表现形式的统一性，是设计师设计能力和艺术水准的最好体现。因此，构图能力在服装设计创作中占有相当重要的地位。

2．构图的意义

构图的意义在于为不同设计类型与目的服装，选用恰当的姿态和比例在恰当的位置进行表现。在构图之前要明确时装画的使用目的，是单纯用时装画进行宣传推广还是用时装画表达设计概念或细节，还是两者兼而有之。如果用于宣传推广，则要更多地体现穿着者的时尚品位和生活态度，对绘制者的艺术造诣要求很高，对构图的要求也很高。大多数时装画是为了向观者直接表达款式设计要点和细节，构图形式比较多。因此，构图形式是为不同的设计目的而服务的。

二、构图形式

时装画的构图形式取决于时装设计目的、时装风格、时装款式结构等因素。通常，时装画中站立的姿势多于其他姿势，因为站姿能够较全面、充分地展示时装的结构、风格、款式以及色彩等。画纸的形状一般是长方形，根据不同的情况，可以采用纵向或者横向构图。由于时装画的人数、内容、风格以及表现技法不同，其构图形式亦不同。人物的构图样式可归纳为单人构图、双人构图、三人构图以及多人构图。

以上构图形式不是万能定律，应根据具体的设计目的、人物的数量、人物的动态、服装的款式等因素的不同作出相应的变化。

1．单人构图

单人构图一般采用纵向构图的方式，如图 3-1 和图 3-2 所示，其能够把人物完整地摆放在纸上，而不会出现多余的空间；横向构图如图 3-3 所示，这样的构图中一般有其他补充内容，比如款式图、设计说明、面料小样等。单人构图是时装画中比较普遍的构图形式之一，其自由洒脱，限制极少，能够很好地表现出单个服装主体。人物位置具体安排如下：①头顶至上边缘线的距离比脚底至下边缘线的距离要小。②人体安排相对靠近中间位置，一般不安排在正中间。③人物左、右两边要达到相对平衡，根据人体动态来确定左、右两边留多少空间。④手与脚的动作与人体的姿势要协调一致，以使人物整体相对平衡。

图 3-1　纵向的单人构图 1（学生作品，导师：刘亚全）

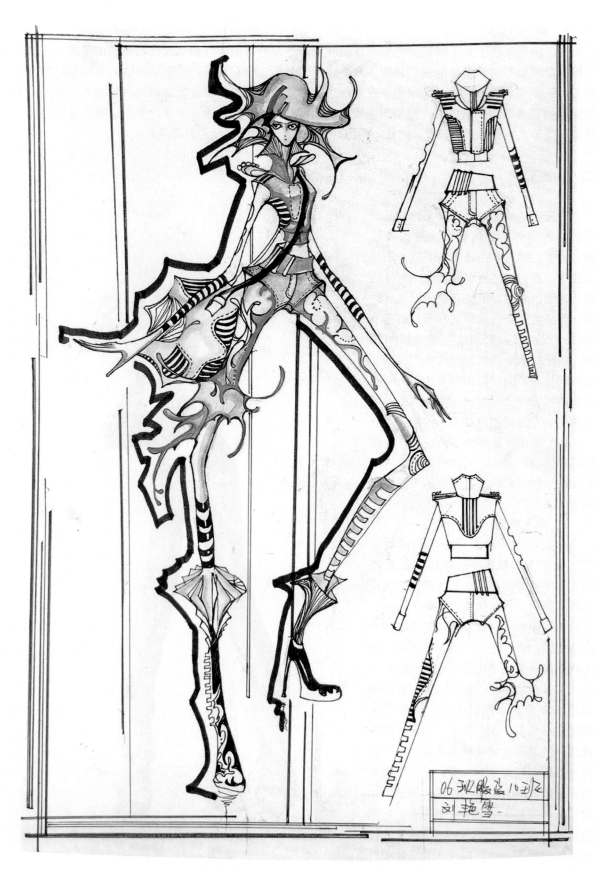

图 3-2　纵向的单人构图 2（作者：刘艳雪）

图 3-3　横向的单人构图（作者：李佳欣）

2．双人构图

双人构图既可采用纵向构图，也可采用横向构图，构图时人与人之间要有联系。

时装画中双人构图是比较普遍的构图形式之一。双人构图中两人之间要有呼应关系，不能毫无关系地割裂开来，这种关系一般是通过服装的系列性、头部的向背、面部的表情、颜色的呼应、手臂的关联、人物的穿插、画面的向心性等因素来表现的，如图 3-4 所示。

图 3-4　有呼应关系的双人构图（作者：吕佩冉）

双人构图的具体形式有以下两种：

（1）两个站立人物的构图。姿态通常是一个为正面，另一个为侧面、斜侧面或背面，位置采用排列式或错位式安排。人物位置具体安排如下：①齐排式构图。以左右、上下或斜势排列整齐，以人物的动势、人物的紧密程度、服装款式的变化打破呆板的格局，如图3-5所示。②错位式构图。它由齐排式构图演变而来，即将整体排列打散，进行高低、左右错位排列，在整齐中有变化，不呆板，如图3-6所示。

图 3-5　齐排式的双人构图（作者：王林林）

图 3-6　错位式的双人构图（作者：李娜）

（2）一站一坐、一站一蹲组合的构图。通常以坐姿、蹲姿为主，以站姿为辅，如图 3-7 和图 3-8 所示。

图 3-7　一坐一站的双人构图（作者：王玉卿）

图 3-8　一站一蹲的双人构图（作者：陈淑荣）

3．三人构图

三人构图既可采用纵向构图，也可采用横向构图。三人构图的组合方式较双人构图的组合方式丰富得多。三人构图的具体形式有以下三种：

（1）以其中两人的组合为主，以另一人为辅，如图3-9所示。人物的朝向可以有许多变化。位置采用齐排式或错位式安排（同双人构图）。

图3-9　一人为主二人为辅的三人构图（学生作品，导师：刘亚全）

（2）以其中一人为主，着重刻画，将另外两人作为陪衬，作次要处理，如图 3-10 所示。位置采用齐排式或错位式安排（同双人构图）。

图 3-10　二人为主一人为辅的三人构图（作者：赖璐璐）

（3）采用站姿与坐姿、半胸像等不同姿态进行组合构图，以产生丰富的动态变化效果，如图3-11所示。

图 3-11　站姿与坐姿组合的三人构图（作者：李佳欣）

4．多人构图

多人构图一般采用横向构图，也可采用纵向构图。多人构图复杂多变，层次丰富，是三人构图的延伸和扩大。多人构图的人物多，画面容易出现结构松散、凌乱的问题，所以，从整幅画面的动势到具体时装局部的处理，都会影响构图的效果。这时可以将画面分为几组，并以其中一组作为视觉中心，或以单体作为中心，其他的人物按一定的秩序进行排列组合，同样能形成中心突出、变化有序的画面，也就是说以一个或几个人物为主，以其他人物为辅进行表现。多人构图在结合其他动态时，需要考虑其整体的风格、气势，做到变化中求稳定、整齐中求变化。

多人构图的具体形式主要有以下六种：

（1）齐排式。齐排式构图比较适用于商业时装设计图、系列性较强的设计图以及流行预测设计图。因为齐排式的组合形式规矩、整齐、清晰、庄重、气势宏大，时装画亦常常采用这种构图形式。齐排式构图以左右、上下或斜势排列，以人物的动势、人物的紧密程度、服装款式的变化打破整齐呆板的格局，如图3-12所示。例如人物选用重复的衣着，但不用重复的色调，随着色彩的变化，使呆板的画面产生动感，人物的气质与形象也有所不同。

图3-12　齐排式的多人构图（学生作品，导师：刘亚全）

（2）错位式。错位式构图由齐排式构图演变而来，它是将整体排列打散，进行高低、左右错位排列，在整齐中有变化，使格局不呆板，如图3-13所示。错位式构图适用于多种形式的时装设计图。

（3）残缺式。残缺式构图是将次要部分有意以残缺破坏的形式进行省略，让观者产生一种不完整的猎奇心理，以突出主体的构图形式，如图3-14所示。残缺式构图适用于具有较高艺术品位的时装艺术广告画、时尚插画，其独特的构图形式往往能抓住观者的视线，并与之产生共鸣。

图 3-13　错位式的多人构图（学生作品，导师：刘亚全）

　　（4）主体式。主体式构图旨在突出主体，使观者能够很容易地捕捉到绘制的画面，同时能够表现时装本身的主题内容以及设计师的设计构想，如图 3-15 所示。主体式构图比较适用于时装画、时装艺术广告画、时尚插画。其所表现的主体内容突出，可能使另外的对象处于次要的地位，因此，在绘制时要兼顾次要对象。

　　（5）满铺式。满铺式构图是将设计的服装效果图、款式图以及所要表现的对象，不分主次，全部均匀整齐地排列出来，如图 3-16 所示。这种构图容易出现琐碎感，所以可以重点表现一个较为主要的视觉区域。满铺式构图适用于流行预测设计图、时装艺术广告画、草图以及时尚插画。

　　（6）综合式。综合式构图即把以上几种构图形式结合使用，可以两两结合，也可以多种结合，如图 3-17 所示。

三、构图法则

　　时装画构图的基本法则如下：
　　（1）运用形式美法则。
　　（2）画面上、下、左、右的力量感要均衡，并能够形成完整协调的画面。
　　（3）画面的统一与变化相结合，并且主题突出。
　　（4）构图饱满大气，充分利用画纸的高度和宽度，做到疏密有致。
　　（5）构图完整，把重要的主题完整地展示出来，不要遮挡太多。

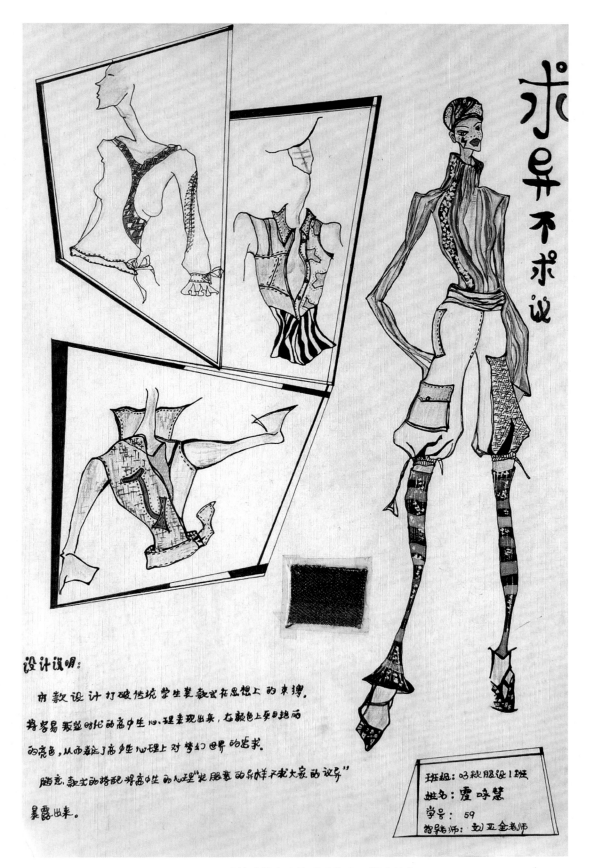

图 3-14　残缺式的多人构图（作者：霍咏慧）

图 3-15 主体式的多人构图（作者：丛静）

作品名称：蝶．梦．花
设计说明：女人天生爱花
如花般美丽，
此款设计意
在表达女性
秀美．温柔．
丝织面料体
现轻盈脱俗
之魅力。

图 3-16 满铺式的多人构图（学生作品，导师：刘亚全）

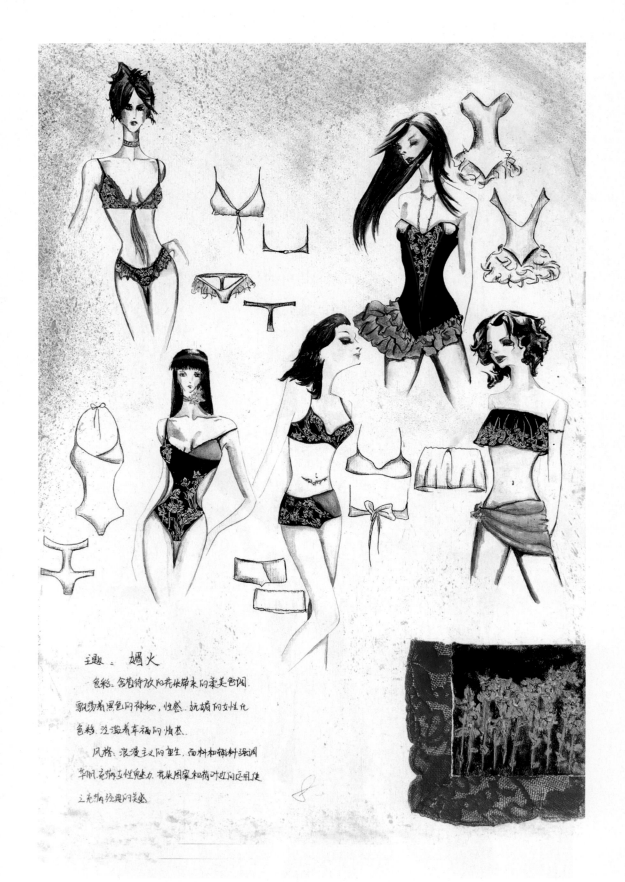

图 3-17　综合式的多人构图（学生作品，导师：刘亚全）

3. 风景法

风景法一般以写实居多，写实的背景具有完整的事物形态，空间感很强，如图3-20和图3-21所示。

图 3-20　风景法 1（作者：潘晓英）

图 3-21 风景法 2（学生作品，导师：刘亚全）

4．构成法

　　构成法借鉴平面构成的形式美法则，将点、线、面综合运用，画面简洁，有现代感，如图 3-22 所示。

图 3-22　构成法（作者：夏文静）

5．图案法

图案法即用图案作为背景的处理方法，其形式感很强，一般表现装饰效果，如图 3-23 所示。

图 3-23　图案法（作者：吴秀君）

6．洁净法

画面不作任何处理，达到极致的纯净效果，画面对比突出、强烈，如图 3-24 所示。

7．残缺法

残缺法即用火把纸的边缘烧成不规则形或用手撕出不规则形的方法，其可形成一种残缺美，如图 3-25 所示。

图 3-24　洁净法（学生作品，导师：刘亚全）

图 3-25　残缺法（学生作品，导师：刘亚全）

8．边缘法

边缘法即用颜色线描绘主体边缘，可以使轮廓更加有力，服装主体突出，如图3-26所示。

图 3-26　边缘法（作者：刘亚全）

9．分割法

分割法即将完整的背景空间根据需要分割成为独立的小块，以起到丰富肌理、集中视线的作用，如图 3-27 所示。

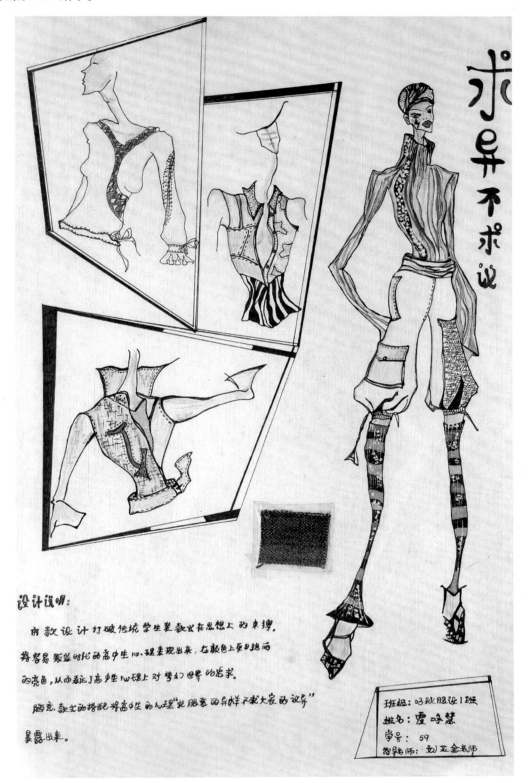

图 3-27   分割法（作者：霍咏慧）

10．自由法

自由法即将图像、文字、线条、块面等一切视觉因素有机结合成整体，以烘托服装主体，如图3-28 所示。

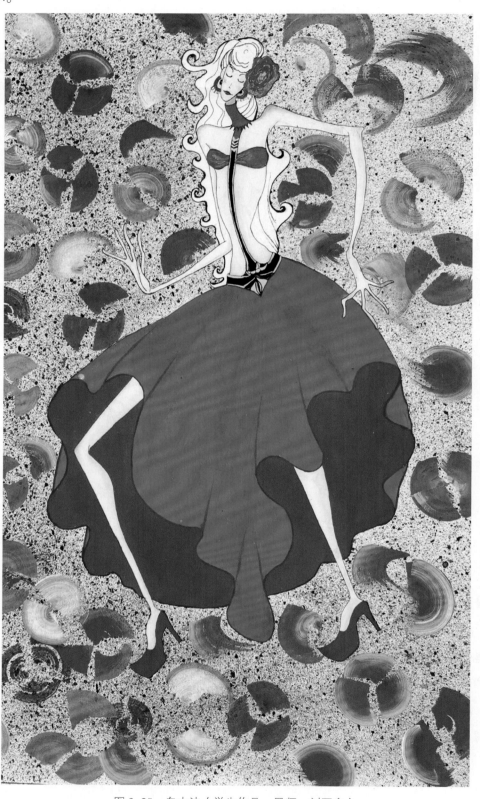

图 3-28　自由法（学生作品，导师：刘亚全）

11．满地法

满地法就是使用有色底纹为背景的作图方法，也可在满面的背景中制造各种肌理来追求丰富的效果，还可使用图片、色块拼接并统一在一个调子里作为背景，如图 3-29 所示。

12．开窗法

开窗法是指在背景中绘制出色块或边框，形成类似窗户的效果，再将服装主体置于"窗"里面，以增加画面的空间感和层次感，如图 3-30 和图 3-31 所示。

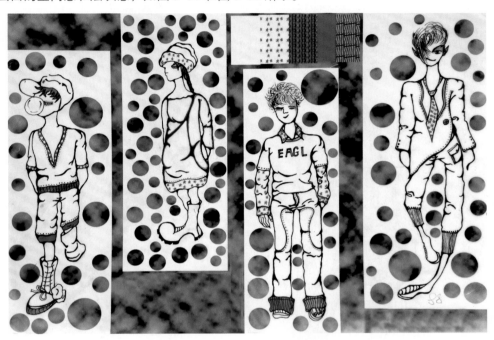

图 3-29　满地法（作者：秦晓欣）

图 3-30　开窗法 1（作者：刘亚全）

图 3-31　开窗法 2（作者：曹海珊）

13．阴阳法

用阴阳法所绘制的作品中人物背景一黑一白或者一深一浅，也可以是几种不同的颜色，如图 3-32 所示。

图 3-32　阴阳法（作者：孙武平）

第四章
系列服装的表现形式

第一节　系列服装概述

一、系列服装的概念

　　服装的三大构成要素是款式、色彩、材料。那么，系列服装就是在这三大要素的基础上进行系列性变化设计的。只要其中任何一个要素相同，而另外两个要素不同，就能使服装产生系列感，以此产生很多系列。因此，具有一定的次序和内部关联，又有相同的设计要素的服装，便可成系列。相同要素越多，系列感就越强，但变化也就越少。所以，在运用相同要素时要掌握好度。随着经济的发展以及人们对穿着要求的提高，对系列服装设计的要求也越来越高。

二、组成系列的服装套数

　　系列服装多是根据某一主题设计制作的，具有相同因素而又多数量、多件套的独立作品或产品。系列服装可以分为小系列、中系列、大系列以及特大系列。其中，3～4套组成小系列，5～6套组成中系列，7～8套组成大系列，9套以上组成特大系列。

三、系列服装的绘制要点

　　在绘制系列服装前需明白要以什么作为设计的统一要素，如廓形、色彩、特色工艺等。在绘制时，统一要素要在每一套服装中反复出现，造成内在逻辑联系的系列感。方法是对系列服装中除统一要素外的元素作大小、长短、疏密、位置等形式上的变化，但变化要适度。注意统一与变化的关系，是在统一的基础上追求形式上的变化，这样在绘制时画面就不会凌乱。

第二节　系列服装的表现形式

　　系列服装一般是在单品服装的基础上衍生而来的。运用各种设计元素，根据形式美法则，采用各种设计方法，以及通过绘制时装画的方式进行系列服装创意设计。常用的系列服装表现形式有以下五种。

一、廓形系列

　　服装廓形有很多，如 A 型、H 型、X 型、Y 型以及 O 型等。廓形系列是在服装外部廓形相同或相似的基础上，进行内部细节变化设计，从而衍生出多种设计，形成系列感，如图 4-1 和图 4-2 所示。绘制时，内部细节变化要服从外轮廓造形，不能喧宾夺主，破坏系列的完整。

图 4-1　廓形系列 1（作者：刘亚全）

图 4-2　廓形系列 2（学生作品，导师：刘亚全）

二、色彩系列

色彩系列服装是以一组色彩作为系列服装的统一要素，运用其纯度及明度的差异，以渐变、重复等手法，在统一的基础上追求形式上的变化，使色彩系列既有丰富的内容，又不失系列感。例如红色系列服装每一款中都有相同明度和纯度的红色要素。另外，色彩系列服装

图 4-3　色彩系列（作者：黄丽娟）

的色调要统一，而款式与材质可以随意变化，以使整个系列具有灵活性，同时表现出丰富的层次感。绘制时，因是以色彩为统一要素，所以色彩表现不能太弱，以免削弱其系列特征，如图 4-3 所示。

三、细节造型系列

细节造型系列服装是把某些细节造型元素作为整个服装系列的统一要素，对这种或这群细节造型要素进行变化设计运用，如图 4-4 所示。绘制时，可以用相同、相近、大小、比例、颜色和位置等细节造型要素的变化，使服装在统一的基础上产生丰富的层次感。

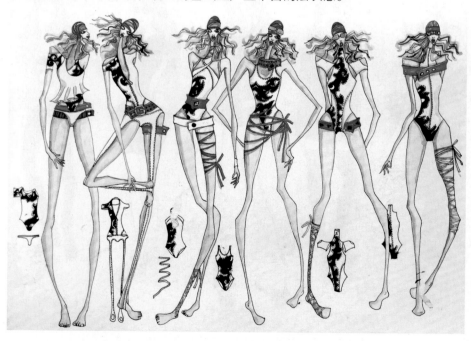

图 4-4　细节造型系列（学生作品，导师：刘亚全）

四、面料系列

面料系列服装通过对具有较强特色的面料进行对比、组合等方式，突出面料个性，创造出强烈的视觉效果，如图 4-5 所示。绘制时，可以通过表现面料的肌理或者进行面料再造，运用款式和色彩的变化，产生较强的视觉冲击力。

图 4-5　面料系列（作者：李凤琪）

五、工艺系列

工艺系列服装是把特色工艺作为系列服装的统一要素，并在整个服装中穿插运用，以产生统一系列感，如镶边、饰边、绣花、嵌线、镂空、印染等特色工艺，如图 4-6 和图 4-7 所示。绘制时，应将系列工艺、特色工艺作为视觉重点进行描绘，再配合款式和色彩，表达出工艺的特色和品质。

图 4-6　工艺系列 1（学生作品，导师：刘亚全）

图 4-7　工艺系列 2（作者：刘亚全）

第三节　系列服装的分类

系列服装优秀作品展示

服装分类本来就很难找到标准，最没有争议的分类方法就是按性别进行分类，即分为三类：男装、女装、中性服装。按年龄分类有婴儿服、儿童服、成人服。在服装界，业内人士通常不这么分，而是分为针织与梭织。系列服装可以按性别与年龄分类，常用的系列服装分类有男装、女装以及童装。

一、女装系列

女装系列一般可分为百搭系列、淑女系列、民族系列、田园系列、朋克系列、时尚系列、职业装系列、休闲装系列、运动装系列、家居装系列、内衣沙滩装系列等。

女装系列如图 4-8 ～图 4-18 所示。

二、男装系列

男装系列一般可分为时尚商务系列、都市风尚系列、自然随性系列三种。

（1）时尚商务系列。该系列的风格特点是优雅，衣服版型以修身为主，主要适用于商务洽谈、宴会等场合。

（2）都市风尚系列。该系列的风格特点是休闲，产品以 T 恤、羊毛线衫、棉纱线衫、休闲裤等时尚休闲衣物为主，主要适合都市精英在享受休闲时光时穿着。

我的少女时代

2019 "大浪杯" 中国女装设计大赛

图 4-8　女装系列 1（作者：高玫）

图 4-9　女装系列 2［2019 中国（国际）羊绒羊毛新锐服装设计师大赛，作者：张萍］

图 4-10 女装系列 3（作者：杨蕊）

图 4-11 女装系列 4（作者：陈辉琼）

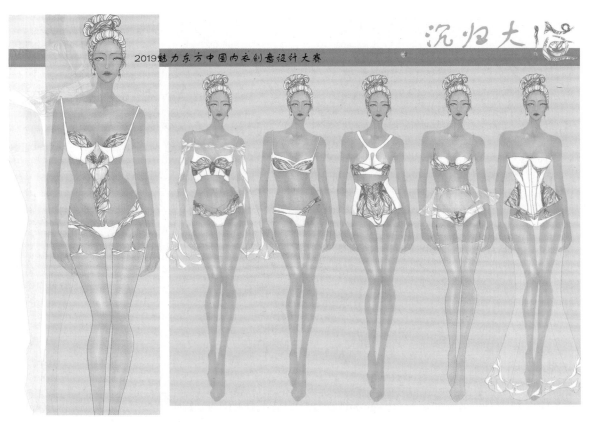

图 4-12　女装系列 5（作者：王亦梦）

图 4-13　女装系列 6（作者：李冬生，邢海眉）

图 4-14　女装系列 7（作者：吴铖慧，孙皓）

图 4-15　女装系列 8（作者：黄琳燕）

BE BOLD BE GOLD

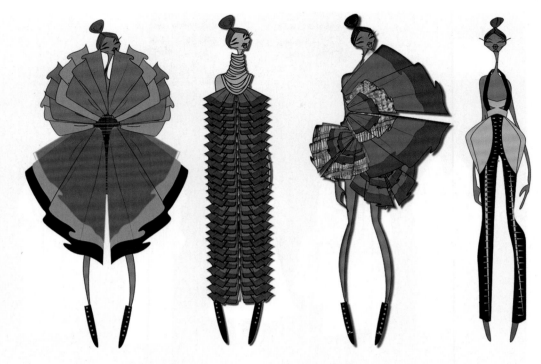

图 4-16　女装系列 9（作者：ESTHER OWUSU ANSAH）

图 4-17　女装系列 10（作者：叶国平）

图 4-18　女装系列 11（作者：顾乃盟）

（3）自然随性系列。该系列的风格特点是时尚和自然随性。衣服版型比较宽松，主要材质为棉麻，适合在休闲场合穿着。

男装系列如图 4-19 ～图 4-25 所示。

图 4-19　男装系列 1（作者：封鹏宇）

图 4-20　男装系列 2（作者：成嘉欢）

图 4-21　男装系列 3（作者：陈江燕、傅婉婷）

图 4-22　男装系列 4（作者：丘远露）

图 4-23　男装系列 5（作者：程雅楠）

MR.DOG

图 4-24　男装系列 6（作者：毛诗逸）

传承匠新 · 第二届中国华服设计大赛
The second China huafu design competitionThe second China huafu design competition

图腾

图 4-25　男装系列 7（作者：欧耀琳）

三、童装系列

不同年龄的孩子有不同系列的服装，童装系列一般可分为以下四种：

（1）婴儿装系列。婴儿装是指 36 个月以下的婴儿所穿的服装。

（2）幼儿装系列。幼儿装是指 2 ~ 5 岁的幼儿所穿的服装。

（3）儿童装系列。儿童装是指 6 ~ 11 岁的儿童所穿的服装。

（4）少年装系列。少年装是指 12 ~ 16 岁的少年所穿的服装。

童装系列如图 4-26 ~ 图 4-31 所示。

图 4-26　童装系列 1（作者：尹瑶，李嘉奕）

图 4-27　童装系列 2（作者：师佳琦）

光与影的游戏
总是特别的有趣
吃完饭以后
和大家一块走在广场上
看看摇曳的皮影
听着皮影人唱着皮影中的故事
每次停电
家里总会点上一根蜡烛
摇曳的烛光
配上手的影子
总能找到一些乐趣

A shadow puppet falls into fashion.
2019 Cool Kids Fashion——Fashion Shadow

图 4-28　童装系列 3（作者：陈楚超）

图 4-29　童装系列 4（作者：张旭、陈妍_）

图 4-30　童装系列 5（作者：任钰洋）

图 4-31　童装系列 6（作者：涂丹丹）

参考文献

［1］黄春岚，胡艳丽.服装效果图技法［M］.北京：中国纺织出版社，2015.

［2］孙元秋.服装画表现技法［M］.北京：北京理工大学出版社，2009.

［3］胡晓东.服装设计图人体动态与着装表现技法［M］.武汉：湖北美术出版社，2009.

［4］［美］Bina Abling.美国经典时装画技法［M］.谢飞，第6版.译.北京：人民邮电出版社，
　　　2016.

［5］黄春岚.时装效果图设计［M］.南昌：江西科学技术出版社，2008.

［6］陈闻.时装画研究与鉴赏［M］.上海：东华大学出版社，1998.

［7］王培娜.服装设计手稿［M］.北京：化学工业出版社，2011.

［8］王培娜.毛衫设计手稿［M］.北京：化学工业出版社，2013.

［9］赵晓霞.时装设计专业进阶教程3：时装画电脑表现技法［M］.北京：中国青年出版社，
　　　2012.

［10］贺景卫，黄莹.电脑时装画教程［M］.沈阳：辽宁科学技术出版社，2006.

［11］肖文陵.服装人体素描［M］.第2版.北京：高等教育出版社，2004.

［12］邓琼华.服装人体素描［M］.石家庄：河北美术出版社，2009.

［13］刘元风.服装人体与时装画［M］.第2版.北京：高等教育出版社，2004.

［14］刘元风.时装画技法［M］.北京：高等教育出版社，1994.

［15］刘蓬.服装手绘效果图表现技法［M］.沈阳：辽宁美术出版社，2014.

［16］刘蓬.时装画技法［M］.沈阳：辽宁美术出版社，2004.

［17］穿针引线网.https：//www.eeff.net.

［18］公众号：无LIBO服装设计.

［19］2019"大连杯"国际青年服装设计大赛入围作品.

［20］第四届 GET WOW 互联网时尚设计大赛入围作品.

［21］2019"大浪杯"中国女装设计大赛入围作品.

［22］2019 中国（国际）羊绒羊毛新锐服装设计师大赛入围作品.

［23］新澳 2019 羊毛针织新锐设计师大赛入围作品.

［24］2019 Cool Kids Fashion 童装设计大赛初评入围作品.

［25］"常熟杯"原创商业设计大赛 2019 羽绒服 ODM 单品赛初评入围作品.

［26］传承匠心·第二届中国华服设计大赛入围作品.

［27］2019 魅力东方·中国国际居家衣饰原创设计大赛入围作品.

［28］2018 中国深圳服装原创设计大赛—精英邀请赛入围作品.

［29］2019 第 20 届"虎门杯"国际青年设计（女装）大赛入围作品.

［30］2019 魅力东方·中国国际内衣创意设计大赛入围作品.

［31］第 28 届中国真维斯杯休闲装设计大赛入围作品.